高等学校计算机教材

新编计算机导论
（基于计算思维）

郑阿奇　唐　锐　栾丽华　编著

电子工业出版社
Publishing House of Electronics Industry
北京·BEIJING

内 容 简 介

本书从培养学生的计算思维出发，介绍计算机专业主要课程体系、主要内容、基本关系和学习方法，同时介绍当前 IT 领域的新知识、新技术和新产品。数据部分介绍数值数据、字符汉字，并将数值数据组织成数据结构，介绍常用操作方法；硬件系统部分在基本原理的基础上主要介绍实物构成；操作系统部分从原理的角度介绍其常用功能；软件开发部分在基本方法的基础上介绍流行软件开发平台和方法；计算机网络部分介绍其原理和应用；多媒体部分介绍图像、图形、动画、声音、音乐、视频等，并以多媒体组织内容和介绍其操作方法；数据库部分在介绍基本功能的基础上重点介绍数据库开发和应用。同时，本书同步配套课件、作业和常用办公软件上机操作指导，详见前言。

本书可作为大学计算机及相关专业计算机导论课程教材，也可作为计算机的入门参考书。

未经许可，不得以任何方式复制或抄袭本书之部分或全部内容。
版权所有，侵权必究。

图书在版编目（CIP）数据

新编计算机导论：基于计算思维 / 郑阿奇，唐锐，栾丽华编著. —北京：电子工业出版社，2013.5
高等学校计算机教材
ISBN 978-7-121-20399-2

Ⅰ. ①新… Ⅱ. ①郑… ②唐… ③栾… Ⅲ. ①电子计算机－高等学校－教材 Ⅳ. ①TP3

中国版本图书馆 CIP 数据核字（2013）第 098187 号

策划编辑：郝黎明
责任编辑：郝黎明　　特约编辑：张　彬
印　　刷：北京宏伟双华印刷有限公司
装　　订：北京宏伟双华印刷有限公司
出版发行：电子工业出版社
　　　　　北京市海淀区万寿路 173 信箱　邮编　100036
开　　本：787×1092　1/16　印张：14　字数：358.4 千字
版　　次：2013 年 5 月第 1 版
印　　次：2016 年 8 月第 3 次印刷
定　　价：29.50 元

凡所购买电子工业出版社图书有缺损问题，请向购买书店调换。若书店售缺，请与本社发行部联系，联系及邮购电话：（010）88254888，88258888。
质量投诉请发邮件至 zlts@phei.com.cn，盗版侵权举报请发邮件至 dbqq@phei.com.cn。
本书咨询联系方式：（010）88254577　ccq@phei.com.cn。

前　言

"计算机导论"是计算机专业第一学期开设的课程，不同学校、不同教师、不同时期对该课程的讲解内容不同。本书从培养学生的计算思维角度出发，介绍以下几个方面。

（1）简单介绍计算机的基本组成和工作原理，包括二进制数据及其运算、逻辑数据及其运算、逻辑部件、简单计算机的构成。

（2）介绍计算机的硬件系统和软件系统。硬件系统不是介绍空洞的构件，而是介绍看得见、摸得着的东西，包括CPU、内存条、I/O设备和I/O设备接口（包括常见接口和扩展接口）、主板等。计算机软件部分介绍语言构成、开发环境、开发方法、解决问题的算法、算法描述、大软件系统开发方法。

（3）从数据角度展开（包括数值数据、字符汉字、图形、图像、声音、动画、视频、音乐等），将数值数据组织成数据结构，介绍常用操作方法，以多媒体组织内容，介绍其操作方法。

（4）从操作系统原理的角度介绍常见操作系统及其功能，主要包括文件管理、存储管理、处理器管理和设备管理。

（5）将计算机网络原理和应用结合，在介绍数据库基本功能的基础上重点介绍其开发和应用。

（6）通过知识素质能力的介绍，为刚刚进入大学校园的学生理清思路，为其了解计算机专业课程体系和基本的学习方法提供参考。

所有内容的介绍都以培养学生的计算思维为目的，描述问题图形化、实例化、实用化。通过课程学习，学生能够大致了解当前IT领域的新知识、新技术和新产品，了解计算机专业的主要课程及其关系，掌握常用办公软件的操作方法。

本书同步配套课件、作业和常用办公软件上机操作指导，有此需要的读者可从华信教育资源网（网址为http://www.hxedu.com.cn）免费下载。

本书由南京师范大学郑阿奇、唐锐、栾丽华编著，参加本套书编写的还有梁敬东、顾韵华、王洪元、刘启芬、彭作民、高茜、陈冬霞、丁有和、曹弋、徐文胜、殷红先、张为民、姜乃松、钱晓军、朱毅华、时跃华、周何骏、赵青松、周淑琴、陈金辉、李含光、王一莉、徐斌、王志瑞、孙德荣、周怡明、刘博宇、郑进、刘毅等。

由于作者水平有限，书中错误在所难免，欢迎广大读者批评指正！

作者 E-mail：easybooks@163.com

编　者
2013 年 5 月

目 录

第1章 计算机概论 (1)
  1.1 计算机的产生和发展 (1)
    1.1.1 计算机的产生 (1)
    1.1.2 计算机的发展 (2)
    1.1.3 计算机系统 (2)
    1.1.4 程序、数据和软件开发 (4)
  1.2 计算机的分类和应用 (4)
    1.2.1 计算机的分类 (4)
    1.2.2 微型计算机 (6)

第2章 计算机数据 (10)
  2.1 二进制数 (10)
    2.1.1 数制 (10)
    2.1.2 二进制数的运算 (12)
    2.1.3 二、八、十六、十进制数相互转换 (13)
  2.2 计算机中二进制数的表示及运算 (15)
    2.2.1 不带符号的整数表示 (15)
    2.2.2 带符号的整数表示 (16)
    2.2.3 浮点数表示 (19)

第3章 逻辑运算和简单计算机的构成 (21)
  3.1 逻辑值表示及运算 (21)
    3.1.1 "与"运算 (21)
    3.1.2 "或"运算 (22)
    3.1.3 "非"运算 (22)
    3.1.4 "异或"运算 (23)
    3.1.5 逻辑代数基本公式 (23)
  3.2 逻辑电路基础 (24)
  3.3 计算机的基本组成 (27)
    3.3.1 加法器 (27)
    3.3.2 寄存器 (29)
    3.3.3 计数器 (30)
  3.4 简单计算机 (31)
    3.4.1 一台简单计算机 (31)
    3.4.2 一段程序 (32)

第4章 计算机硬件系统 (35)
4.1 计算机硬件的基本组成 (35)
4.1.1 基本组成 (35)
4.1.2 半导体存储器 (36)
4.2 计算机硬件系统 (38)
4.2.1 中央处理器 (38)
4.2.2 内存储器 (39)
4.2.3 主板和 I/O 设备接口 (41)
4.2.4 芯片组 (44)
4.2.5 常用外置 I/O 设备接口 (45)
4.3 外存储器 (49)
4.3.1 硬盘 (49)
4.3.2 光盘 (50)
4.3.3 U 盘、CF 卡和 SD 卡 (52)
4.4 输入/输出设备 (52)
4.4.1 输入设备 (52)
4.4.2 输出设备 (56)

第5章 操作系统 (63)
5.1 操作系统及其启动 (63)
5.1.1 操作系统介绍 (63)
5.1.2 操作系统(计算机)的启动 (63)
5.2 文件管理 (64)
5.2.1 文件 (64)
5.2.2 文件目录和路径 (66)
5.2.3 文件管理系统 (67)
5.3 存储管理 (68)
5.4 处理器管理 (71)
5.5 设备管理 (74)

第6章 软件开发 (77)
6.1 从机器语言到高级语言 (77)
6.2 高级语言程序设计 (79)
6.2.1 算法 (79)
6.2.2 程序设计 (80)
6.3 程序设计方法 (82)
6.3.1 结构化程序设计 (82)
6.3.2 面向对象程序设计 (84)
6.4 程序设计可视化 (85)
6.5 Web 程序设计 (88)

6.6 软件工程 .... (91)
6.7 数据结构 .... (96)
  6.7.1 线性表 .... (96)
  6.7.2 栈 .... (98)
  6.7.3 队列 .... (98)
  6.7.4 树 .... (99)
  6.7.5 图 .... (100)

第7章 计算机网络 .... (103)
 7.1 计算机网络概述 .... (103)
  7.1.1 计算机网络拓扑结构及分类 .... (103)
  7.1.2 传输介质 .... (104)
 7.2 以太网 .... (107)
  7.2.1 共享以太网 .... (107)
  7.2.2 交换以太网 .... (110)
  7.2.3 以太网组网 .... (111)
 7.3 无线网 .... (112)
  7.3.1 无线局域网的构建 .... (113)
  7.3.2 无线局域网的扩展 .... (114)
  7.3.3 无线局域网的主流产品 .... (114)
  7.3.4 宽带无线城域网 .... (115)
  7.3.5 蓝牙 .... (115)
 7.4 网络互联 .... (116)
  7.4.1 IP地址 .... (117)
  7.4.2 单播、多播和广播 .... (118)
 7.5 中国因特网及其接入 .... (120)
  7.5.1 因特网的结构和组成 .... (120)
  7.5.2 因特网的接入 .... (121)
 7.6 因特网的基本应用 .... (124)
  7.6.1 域名系统：DNS .... (125)
  7.6.2 动态IP地址分配：DHCP .... (126)
  7.6.3 万维网系统：HTTP .... (128)
  7.6.4 因特网邮件系统：SMTP .... (128)
 7.7 网络安全 .... (130)
  7.7.1 网络威胁 .... (130)
  7.7.2 报文保密性 .... (131)
  7.7.3 报文完整性 .... (132)
  7.7.4 报文鉴别：数字签名 .... (132)
  7.7.5 网络安全实例 .... (132)

第8章 多媒体 (134)
8.1 字符和文本 (134)
8.1.1 ASCII 码 (134)
8.1.2 汉字编码 (136)
8.1.3 Unicode 码 (138)
8.1.4 文本输入 (139)
8.1.5 文本类型 (142)
8.1.6 字符字体和字形生成 (144)
8.1.7 文本处理 (145)
8.2 计算机图像 (147)
8.2.1 颜色表示 (147)
8.2.2 图像数字化 (149)
8.2.3 图像数据压缩 (152)
8.2.4 数字图像处理和应用 (154)
8.3 计算机图形 (156)
8.3.1 基本原理 (156)
8.3.2 常用绘图软件 (158)
8.4 计算机动画 (164)
8.4.1 计算机动画类型和技术 (165)
8.4.2 常用的动画制作软件 (167)
8.5 计算机声音 (169)
8.5.1 声音的表示 (169)
8.5.2 数字化声音的压缩 (170)
8.5.3 计算机合成语音 (172)
8.6 计算机音乐 (173)
8.7 数字视频及其应用 (176)
8.7.1 视频基础 (176)
8.7.2 视频信号的数字化过程 (178)
8.7.3 数字视频信号的获取 (178)
8.7.4 数字视频的编辑 (180)
8.7.5 数字视频的压缩编码 (180)
8.7.6 数字视频的文件格式 (183)
8.7.7 数字视频的应用 (186)

第9章 数据库 (188)
9.1 数据库的基本概念 (188)
9.1.1 数据库与数据库管理系统 (188)
9.1.2 关系数据模型 (189)
9.2 SQL 命令及其数据库操作 (190)

9.3 数据库应用系统 ……………………………………………………………………（195）
　　9.3.1 C/S 模式数据库应用系统 …………………………………………………（195）
　　9.3.2 B/S 模式数据库应用系统 …………………………………………………（197）
第 10 章 知识素质能力 ………………………………………………………………………（200）
　10.1 计算机科学 ……………………………………………………………………………（200）
　　10.1.1 科学 ………………………………………………………………………………（200）
　　10.1.2 计算机科学体系 …………………………………………………………………（200）
　　10.1.3 计算机学科与电子信息产业 ……………………………………………………（201）
　10.2 计算机专业课程体系 …………………………………………………………………（202）
　　10.2.1 计算机专业的人才需求 …………………………………………………………（202）
　　10.2.2 计算机各专业的课程设置 ………………………………………………………（203）
　10.3 能力的培养 ……………………………………………………………………………（204）
　　10.3.1 素质、知识和能力 ………………………………………………………………（204）
　　10.3.2 能力培养 …………………………………………………………………………（205）
　10.4 了解世界和中国 ………………………………………………………………………（208）

第 1 章 计算机概论

1.1 计算机的产生和发展

1.1.1 计算机的产生

人们通常所说的计算机，是指电子数字计算机。一般认为，世界上第一台数字式电子计算机诞生于 1946 年 2 月，它由美国宾夕法尼亚大学研制，简称 ENIAC，如图 1.1 所示。

图 1.1 ENIAC

ENIAC 占地面积约 170 平方米;用了约 18 000 只电子管、1 500 个继电器、70 000 只电阻、18 000 只电容;耗资近 49 万美元;重约 30 吨;运算速度为每秒 5 000 次加法,功能还不如现在市场上的计算器。

1.1.2 计算机的发展

在第一台计算机出现后,计算机的发展至今经历了四代,采用的主要元器件分别为电子管、晶体管、小规模集成电路和大规模、超大规模集成电路。目前的计算机使用的是极大规模集成电路。相应的典型计算机如表 1.1 所示。

表 1.1 计算机发展史和相应的典型计算机

时间	主要元器件	典型计算机	我国的典型计算机
1946—1957 年 (第 1 代)	电子管	ENIAC、EDVAC、IBM705	103 型(DJS-1 型)计算机
1958—1964 年 (第 2 代)	晶体管	UNIVAC Ⅱ、IBM7094、CDC6600	109 乙机、109 丙机
1965—1971 年 (第 3 代)	小规模集成电路	IBM360、PDP 11、NOVA1200	
1972 年—今 (第 4 代)	大规模、超大规模集成电路	ILLIAC-Ⅳ、VAX 11、IBM PC	Z80、M6800 芯片微机, DJS-0520 微机

1.1.3 计算机系统

众所周知,计算机可以完成各种各样的任务,因此可以被看成一个功能强大的系统。计算机系统由硬件系统和软件系统两大部分组成。人通过软件才能使用计算机的硬件。一个完整的计算机系统,如图 1.2 所示。

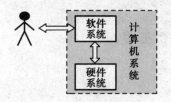

图 1.2　计算机系统

1. 计算机硬件系统

计算机硬件系统是构成计算机的各种物理设备的总称。

长期以来，几乎所有的通用计算机都是按照冯·诺依曼体系结构设计的。该体系结构按照"存储程序控制"原理进行工作，即一个问题的解决步骤（程序）连同它所处理的数据都使用二进制表示，并预先存放在存储器中。当程序运行时，计算机一条一条地读取程序指令和相应的数据，并按照指令的要求对数据进行处理，直到程序执行完毕为止。

为实现上述原理，美籍匈牙利数学家冯·诺依曼（John Von Neumann）最早提出计算机由五大逻辑部件组成，包括运算器、控制器、存储器、输入设备和输出设备（I/O 设备）。五大部分的关系如图 1.3 所示。

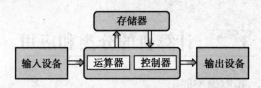

图 1.3　冯·诺依曼体系结构

其中，输入设备把原始程序和数据输入计算机；存储器存储程序和数据，包括内存和外存；运算器根据程序对数据进行运算或处理；输出设备将运算处理结果展现出来；控制器通过提供控制信号来协调和控制各个部分的运行。

2. 计算机软件系统

计算机软件是程序及其数据和有关文档的统称。即

计算机软件=程序+数据+文档

其中，**程序**是软件的主体，它实现软件的功能；**数据**是程序运行过程中需要处理的对象；**文档**是指与程序开发、维护及操作有关的一些资料（如设计报告、维护手册、使用指南、帮助文档等）。

例如，在"金山词霸"这个软件中，数据就是电子化的汉英和英汉词典内容；程序用于提供用户界面，帮助用户查找匹配内容并且呈现出来；文档就是软件说明书和系统帮助内容。

软件一般可分为系统软件和应用软件两大类。系统软件就是与计算机硬件直接打交道的软件，如 Windows；应用软件是用于解决各种具体应用问题的软件，如 Word、QQ 等。

1.1.4 程序、数据和软件开发

1. 程序

程序包括机器语言程序、汇编语言程序和高级语言程序。目前主要采用高级语言程序进行软件开发。

2. 数据

广义上讲,计算机中的数据包括数值数据、逻辑数据和多媒体数据。而多媒体数据又包括文本数据、图像数据、图形数据、动画数据、声音数据、音乐数据、视频数据等。

3. 软件开发

编写程序来解决用户需求的过程称为软件开发。**算法**用于描述解决问题的准确而完整的步骤。**数据结构**研究非数值数据在计算机中的存储和操作。若软件规模较大,则需要采用**软件工程**的方法进行软件开发。

1.2 计算机的分类和应用

不同类型的计算机,其用途不同。

1.2.1 计算机的分类

计算机的种类很多,可以从不同的角度对计算机进行分类。按照性能分类,可将计算机分为巨型计算机、大型计算机、小型计算机、微型计算机、嵌入式计算机等。

1. 巨型计算机

巨型计算机(Supercomputer)又称超级计算机,是计算机中功能最强、运算速度最快、存储容量最大的一类计算机,多用于国家高科技领域和尖端技术研究,是国家科技发展水平和综合国力的重要标志。

巨型计算机主要用来承担重大的科学研究、国防尖端技术和国民经济领域的大型计算课题及数据处理任务,如大范围天气预报,整理卫星照片,探索原子核物理,研究洲际导弹、宇宙飞船,制订国民经济的发展计划等。

目前,美国、日本和中国是世界上高性能计算机的研制、生产国。2009 年,我国的天河一号超级计算机(见图 1.4)的运算速度达到世界第一。目前,我国的超级计算机主要包括天河、银河、曙光系列等。

图 1.4 天河一号超级计算机

2. 大型计算机

大型计算机（Mainframe）是用来处理大容量数据的机器。它运算速度快、存储容量大、联网通信功能完善、可靠性高、安全性好，但价格比较贵，一般用于为大中型企事业单位（如银行、机场等）的数据提供集中的存储、管理和处理，承担企业级服务器的功能，同时为许多用户执行信息处理任务。如图 1.5 和图 1.6 所示分别是 IBM 和联想大型计算机。

图 1.5 IBM 大型计算机

图 1.6 联想大型计算机

3. 小型计算机

小型计算机（Minicomputer）是相对于大型计算机而言的。小型计算机的软、硬件系统规模比较小，但价格低、可靠性高、便于维护和使用，一般为中小型企事业单位或某一部门所用。

4. 微型计算机

微型计算机（Personal Computer）又称微机、个人计算机、微电脑、PC等，是第4代计算机时期开始出现的一个新机种，是由大规模集成电路组成的、体积较小的电子计算机。它是以微处理器为基础，配以内存储器及输入/输出（I/O）接口电路和相应的辅助电路而构成的裸机，其体积小、灵活性大、价格便宜、使用方便。把微型计算机集成在一个芯片上即构成单片微型计算机（Single Chip Microcomputer）。

5. 嵌入式计算机

嵌入式计算机（Embedded System）即嵌入式系统，是一种以应用为中心、以微处理器为基础，软、硬件可裁剪的，适应应用系统对功能、可靠性、成本、体积、功耗等综合性能严格要求的专用计算机系统。现在，它几乎已嵌入了我们生活中的所有电器设备中，如掌上电脑、计算器、电视机顶盒、手机、数字电视、多媒体播放器、汽车、微波炉、数字相机、家庭自动化系统、电梯、空调、安全系统、自动售货机、蜂窝式电话、消费电子设备、工业自动化仪表、医疗仪器等。

1.2.2 微型计算机

微型计算机包括个人计算机、网络计算机和工业控制计算机。

1. 个人计算机

（1）台式机

台式机（Desktop）又称桌面机，它的主机（除了输入、输出部分）、显示器等设备一般都是相对独立的，需要放置在电脑桌或专门的工作台上。台式机一般在学校、企事业单位普遍批量采用，也用于家庭。其外观如图1.7所示。

图1.7 台式机

（2）一体机

一体机是由一台显示器（其中集成了主机）、一个键盘和一个鼠标组成的计算机，如图1.8所示。只要将键盘和鼠标连接到显示器上，机器就能使用。

图1.8 一体机

随着无线技术的发展，一体机的键盘、鼠标与显示器可实现无线连接，这样只有一根电源线，这就解决了一直为人诟病的台式机线缆多而杂的问题。有的一体机还具有电视接口。

（3）笔记本电脑

笔记本电脑是一种小型的可携带的个人电脑，通常重1～3千克。它提供的备用电池，可在不插电源的情况下，也能够运行若干小时。如图1.9所示为ThinkPad笔记本电脑。

上网本是更强调上网功能和便携性的笔记本电脑，多用于在出差、旅游甚至公共交通上的移动上网。

（4）掌上电脑（PDA）和智能手机

掌上电脑是一种小巧、轻便、易带、实用、较廉价的手持式计算机。在掌上电脑的基础上加上手机功能，就成了**智能手机**。如图1.10所示为iPhone智能手机。智能手机既方便随身携带，又为软件运行和内容服务提供了广阔的舞台，很多增值业务可以就此展开，如股票、新闻、天气、交通、商品、应用程序下载、音乐图片下载等。

图1.9 ThinkPad笔记本电脑

图1.10 iPhone智能手机

（5）平板电脑

平板电脑由比尔·盖茨提出，是一款无须翻盖、没有键盘、大小不等、类似一块平板，却功能完整的计算机。它利用触笔在屏幕上书写，而不使用键盘和鼠标输入，移动性和便携性更胜一筹。iPad 平板电脑如图 1.11 所示。

图 1.11　iPad 平板电脑

2. 网络计算机

网络计算机是指网络上包含计算机的各种设备，如服务器、工作站、路由器、交换机、网桥、网络打印机等。下面介绍其中的两个。

（1）服务器

服务器（Server）专指某些高性能计算机，能通过网络对外提供服务。相对于普通计算机来说，服务器在稳定性、安全性等方面的要求更高。其外观如图 1.12 所示。

图 1.12　服务器

（2）工作站

工作站（Workstation）是一种高档的微型计算机，通常配有高分辨率的大屏幕显示器及容量很大的内存储器和外存储器，并且具有较强的信息处理功能，图形、图像处理功能及联网功能。工作站主要面向工程设计、动画制作、科学研究、软件开发、金融管理、信息服务、模拟仿真等专业领域。HP 工作站如图 1.13 所示。

图 1.13　HP 工作站

3. 工业控制计算机

工业控制计算机是一种采用总线结构,对生产过程及其机电设备、工艺装备进行检测与控制的计算机系统的总称,简称工控机。目前工控机的主要类别有 IPC（PC 总线工业计算机）、PLC（可编程控制系统）、DCS（分散型控制系统）、FCS（现场总线系统）及 CNC（数控系统）五种。

第 2 章

计算机数据

人类最常用的数制是十进制,而计算机采用二进制。

2.1 二 进 制 数

2.1.1 数制

为了便于理解二进制,先从大家熟悉的十进制开始介绍。

1. 十进制

十进制的基本特征如下。

① 基数为 10,采用 0、1、2、3、4、5、6、7、8、9 十个数码。
② 逢十进一。
③ 处于不同位置上的数码位权不同。从小数点向两侧数,整数部分第 n 位的数码位权是 10^{n-1},小数部分第 m 位的数码位权是 10^{-m}。

例如:$108.625=1\times10^2+0\times10^1+8\times10^0+6\times10^{-1}+2\times10^{-2}+5\times10^{-3}$

表示:$(108.625)_{10}$ 或 108.625D。

2. 二进制

计算机中使用二进制(Binary),其基本特征如下。

① 基数为 2,采用 0、1 两个数码。
② 逢二进一。
③ 位权。从小数点向两侧数,整数部分第 n 位的数码位权是 2^{n-1},小数部分第 m 位的数码位权是 2^{-m}。

例如:$1101100.101=1\times2^6+1\times2^5+0\times2^4+1\times2^3+1\times2^2+0\times2^1+0\times2^0+1\times2^{-1}+0\times2^{-2}+1\times2^{-3}$

表示:$(1101100.101)_2$,1101100.101B 或 1101100.101b。

每一位二进制位权对应的十进制如表 2.1 所示。

表 2.1　二进制位权对应的十进制

二　进　制	十　进　制	二　进　制	十　进　制	二　进　制	十　进　制
1	1	10000	16	0.1	0.5
10	2	100000	32	0.01	0.25
100	4	1000000	64	0.001	0.125
1000	8	10000000	128	0.0001	0.0625

3. 八进制

由于 $2^3=8$，所以 1 位八进制（Octonary）可以直接对应 3 位二进制。其基本特征如下。
① 基数为 8，采用 0、1、2、3、4、5、6、7 八个数码。
② 逢八进一，借一当八。
③ 位权。从小数点向两侧数，整数部分第 n 位的数码位权是 8^{n-1}，小数部分第 m 位的数码位权是 8^{-m}。

例如：$(154.5)_8 = 1\times 8^2 + 5\times 8^1 + 4\times 8^0 + 5\times 8^{-1}$

表示：$(154.5)_8$，154.5Q 或 154.5q。

有些书的八进制后缀采用字母"O"表示，但字母"O"与数字"0"很像，容易混淆。

4. 十六进制

由于 $2^4=16$，所以 1 位十六进制（Hex）可以直接对应 4 位二进制。其基本特征如下。
① 基数为 16，采用 0、1、2、3、4、5、6、7、8、9、A、B、C、D、E、F 十六个数码。其中，A～F（或 a～f）分别代表十六进制的 10、11、12、13、14、15。
② 逢十六进一，借一当十六。
③ 位权。从小数点向两侧数，整数部分第 n 位的数码位权是 16^{n-1}，小数部分第 m 位的数码位权是 16^{-m}。

例如：$(6C.A)_{16} = 6\times 16^1 + 12\times 16^0 + 10\times 16^{-1}$

表示：$(6C.A)_{16}$，6C.AH 或 6C.Ah。

在有些情况下，当第 1 位十六进制数为 A～F（或 a～f）时，在其前面加上数字 0，如 0A6H。

表 2.2 列出了 0～16（十进制）四种数制之间的对应关系。

表 2.2　常见数制的对应关系

十进制（D）	二进制（B）	八进制（Q）	十六进制（H）
0	0	0	0
1	1	1	1
2	10	2	2
3	11	3	3
4	100	4	4
5	101	5	5

续表

十进制（D）	二进制（B）	八进制（Q）	十六进制（H）
6	110	6	6
7	111	7	7
8	1000	10	8
9	1001	11	9
10	1010	12	A
11	1011	13	B
12	1100	14	C
13	1101	15	D
14	1110	16	E
15	1111	17	F
16	10000	20	10

也就是说：

$$(14)_{10}=(1110)_2=(16)_8=(E)_{16}$$

或者

$$14D=1110B=16Q=EH$$

2.1.2 二进制数的运算

二进制数的运算主要包括加（+）、减（-）、乘（×）和除（÷）。

1. 二进制数的运算规则

二进制数比较简单，所以它的运算规则也很简单。

（1）二进制数的加法

法则如下：

$$0+0=0；0+1=1；1+0=1；1+1=10$$

【例2.1】 求$(1101)_2+(1001.01)_2$。

$$\begin{array}{r} 1101 \\ +\ 1001.01 \\ \hline 10110.01 \end{array}$$

所以，$(1101)_2+(1001.01)_2=(10110.01)_2$。

（2）二进制数的减法

法则如下：

$$0-0=0；0-1=1（借1）；1-0=1；1-1=0$$

【例2.2】 求$(1101)_2-(1001.01)_2$。

$$\begin{array}{r} 1101 \\ -\ 1001.01 \\ \hline 0011.11 \end{array}$$

所以，$(1101)_2-(1001.01)_2=(11.11)_2$。

（3）二进制数的乘法

法则如下：

$$0\times0=0；0\times1=0；1\times0=0；1\times1=1$$

【例2.3】 求$(1001)_2\times(1010)_2$。

```
        1001
    ×   1010
    --------
        0000
       1001
      0000
     1001
    --------
     1011010
```

所以，$(1001)_2\times(1010)_2=(1011010)_2$。

（4）二进制数的除法

法则如下：

$$0\div1=0；1\div1=1$$

注意，除数不能为0。

【例2.4】 求$(1110101)_2\div(1001)_2$。

```
            1101
      ┌─────────
  1001│1110101
        1001
        ────
         1011
         1001
         ────
          1001
          1001
          ────
             0
```

所以，$(1110101)_2\div(1001)_2=(1101)_2$。

2. 二进制的优点

二进制具有下列优点。

① 十进制有十个状态，在自然界中，用某种器件表示十种状态比较难。二进制只有0和1两个状态，易于实现。

② 二进制运算规则简单，运算功能比较容易实现。

2.1.3 二、八、十六、十进制数相互转换

1. 十进制数与二进制数相互转换

（1）二进制数→十进制数

将二进制数按权展开，即用位权表示法展开，而后进行相加。

【例2.5】 将二进制数101011转换为十进制数。

$$(101011)_2 = 2^5 + 2^3 + 2^1 + 2^0 = 32 + 8 + 2 + 1 = 43$$

所以，$(101011)_2 = (43)_{10}$。

（2）十进制数→二进制数

整数部分：除基（2）取余法，直到商为0，然后将余数倒排即可。

小数部分：乘基（2）取整法，直到乘积的小数部分为0，或小数点后的位数达到了所需的精度，然后将积的整数部分顺排即可。

【例2.6】 将十进制数108.625转换为二进制数。

```
十进制数  余数                  十进制数  积的整数部分
2 | 108    0  ↑低位              0.625
2 |  54    0                    ×   2
2 |  27    1                    ─────────
2 |  13    1                    1.250      1    ↑高位
2 |   6    0                    0.25
2 |   3    1                    ×   2
2 |   1    1  |高位              ─────────
      0                         0.5        0
                                ×   2
                                ─────────
                                1.0        1    ↓低位
      整数部分                        小数部分
```

所以，$(108.625)_{10} = (1101100.101)_2$。

2. 二进制数与八、十六进制数相互转换

因为 $2^3=8$，$2^4=16$，所以二进制数可以直接对应它的八进制数和十六进制数。

（1）二进制数转换为八、十六进制数

① 二进制数→八进制数：

以小数点为基准，

整数部分：从右向左，每3位为一组，最左边不足3位时，左边添0补足3位；

小数部分：从左向右，每3位为一组，最右边不足3位时，右边添0补足3位。

然后将每组中的3位二进制数用1位八进制表示，依序排列即可得到对应的八进制数。

【例2.7】 将二进制数10101001100.1101转换为八进制数。

10101001100.1101 = 010 101 001 100.110 100
                 = 2   5   1   4 . 6   4

所以，$(10101001100.1101)_2 = (2514.64)_8$。

② 二进制数→十六进制数：

以小数点为基准，

整数部分：从右向左，每4位为一组，最左边不足4位时，左边添0补足4位；

小数部分：从左向右，每4位为一组，最右边不足4位时，右边添0补足4位。

然后将每组中的4位二进制数用1位十六进制表示，依序排列即可得到对应的十六进制数。

【例2.8】 将二进制数10101001100.1101转换为十六进制数。

10101001100.1101 = 0101 0100 1100.1101
                 =   5   4   C . D

所以，$(10101001100.1101)_2=(54C.D)_{16}$。

（2）八、十六进制数转换为二进制数

① 八进制数→二进制数：

将每位数码用3位二进制数码替换，然后依序排列即可。

② 十六进制数→二进制数：

将每位数码用4位二进制数码替换，然后依序排列即可。

【例2.9】 将八进制数154.42转换为二进制数，将十六进制数D31.2C转换为二进制数。

$(154.42)_8 = (001\ 101\ 100.100\ 010)_2$

$= (1101100.10001)_2$

$(D31.2C)_{16} = (1101\ 0011\ 0001.0010\ 1100)_2$

$= (110100110001.001011)_2$

提示：整数部分最前面的0和小数部分最后面的0均可以省略。

2.2 计算机中二进制数的表示及运算

二进制数分为整数和实数两类，而整数又分为不带符号的整数和带符号的整数。

整数和实数在计算机中表示如下：

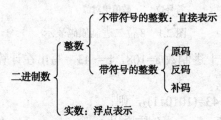

2.2.1 不带符号的整数表示

二进制数表示的不带符号的整数的最小数值是全0，最大数值是全1。

例如：8位二进制数表示的不带符号的整数的范围是00000000~11111111，对应的十进制范围是0~255。

就像$999=10^3-1$，$(11111111)_2=2^8-1=255$。

同样，16位二进制数表示的不带符号的整数的范围是0000000000000000~1111111111111111，对应的十进制范围是0~65535（$2^{16}-1$）。

计算机存放数据是规定位数的，不满规定位数时，不带符号的整数前面用0补足。

例如：十进制108，对应的二进制为1101100；

计算机中8位表示的数据如下：

| 0 | 1 | 1 | 0 | 1 | 1 | 0 | 0 |

108在计算机中16位表示的数据如下：

0	0	0	0	0	0	0	0	0	1	1	0	1	1	0	0

2.2.2 带符号的整数表示

在数学中，将正号"+"和负号"-"放在数字的前面表示数值的正负。例如：

    108   +1101100
    -43   -101011

计算机中表示数值的符号：用"0"表示正号，用"1"表示负号。

机器字长：计算机一次能同时进行二进制整数运算的位数。

机器数长度一般是8的倍数，如8位、16位、32位、64位等。符号位放在整个字长位数的最高位。

在计算机中，带符号的整数用原码或补码表示。

1. 原码

原码规定，机器数中的最高位是符号位，以后各位是该数的绝对值。

例如：8位二进制原码表示如图2.1所示。

图2.1 8位二进制原码表示

【例2.10】 已知两个十进制数a=108，b=-43，写出在计算机中8位和16位的原码表示。

因为108=(1101100)$_2$，43=(101011)$_2$，则：

十进制数	真值	8位原码	16位原码
108	+1101100	01101100	0000000001101100
43	+101011	00101011	0000000000101011
-43	-101011	10101011	1000000000101011

a、b的原码写成：[a]$_原$=01101100，[b]$_原$=10101011。

8位原码表示的数值范围是11111111～01111111，即$-(2^7-1)$～$+(2^7-1)$，对应的十进制数为-127～+127。

16位原码表示的数值范围是$-(2^{15}-1)$～$+(2^{15}-1)$，对应十进制数为-32767～+32767。

2. 补码

采用补码，两个数不管相加还是相减，都可以变成两个数的补码相加。而且，符号位与数一起参加运算。

例如：有两个二进制数a、b，计算a+b变成计算[a]$_补$+[b]$_补$；计算a-b就可变成计算[a]$_补$+[-b]$_补$。

正数：其补码与原码相同。

负数： 其补码最高位的符号位为 1，其余对原码中相应位取反后，再加 1。

【例 2.11】 已知两个十进制数 a=108，b=-43，计算它们在计算机中 8 位和 16 位的补码表示。

在计算机中，8 位和 16 位原码和补码如下：

108原码:	0	1	1	0	1	1	0	0	0	0	0	0	0	0	0	0	0	1	1	0	1	1	0	0
108补码:	0	1	1	0	1	1	0	0	0	0	0	0	0	0	0	0	0	1	1	0	1	1	0	0
-43原码:	1	0	1	0	1	0	1	1	1	0	0	0	0	0	0	0	0	0	1	0	1	0	1	1
-43补码:	1	1	0	1	0	1	0	1	1	1	1	1	1	1	1	1	1	1	0	1	0	1	0	1

与原码相对应，8 位补码表示的数值范围是

原码： $11111111 \sim 01111111$，即 $-(2^7-1) \sim +(2^7-1)$，$-127 \sim +127$

补码： $10000001 \sim 01111111$

实际上，补码 10000000 表示 -128。

8 位补码表示的数值范围是 $-128 \sim +127$，即 $-(2^7) \sim +(2^7-1)$。

n 位补码表示的数值范围是 $-(2^{n-1}) \sim +(2^{n-1}-1)$，要表达的数超过该范围时，将产生溢出。

3. 原码、补码真值对照

n 位补码求真值的方法如下：

当机器数的最高位（符号位）为 0 时，表示真值是正数，其值等于其余 $n-1$ 位的值；

当机器数的最高位（符号位）为 1 时，表示真值是负数，其值等于其余 $n-1$ 位按位取反后，末位加 1 的值。

例如：

若 $[a]_{补}=01111111$，则 $a=(+1111111)_2=(+127)_{10}$

若 $[a]_{补}=11111111$，则 $a=(-0000001)_2=(-1)_{10}$

表 2.3 给出了 8 位二进制数码对应的无符号二进制数、原码及补码的值。

表 2.3　计算机中的 8 位二进制数码表示的值对比

二进制数码表示	无符号二进制数	原　码	补　码
00000000	0	+0	+0
00000001	1	+1	+1
00000010	2	+2	+2
⋮	⋮	⋮	⋮
01111110	126	+126	+126
01111111	127	+127	+127
10000000	128	-0	-128
10000001	129	-1	-127
10000010	130	-2	-126
⋮	⋮	⋮	⋮

续表

二进制数码表示	无符号二进制数	原 码	补 码
11111110	254	-126	-2
11111111	255	-127	-1

4. 二进制补码运算

负数用补码表示后，就可以和正数一样进行处理。

二进制数补码的加、减运算规则如下：

$$[a+b]_{补}=[a]_{补}+[b]_{补}$$
$$[a-b]_{补}=[a]_{补}+[-b]_{补}$$

用补码做加法运算时，两个补码直接相加的结果就是和的补码。

用补码做减法运算时，可以将减法运算变为加法运算，即先将减一个数变成加上这个数的负数，然后再补码求和。

这样，运算器只需要一个加法器就可以了，不必再配一个减法器，而且也不必对符号位进行专门处理。

【例 2.12】 已知两个十进制数 a=108，b=43 存储在字长为 8 位的计算机中，请利用补码运算，求 a+b、a-b、-a+b 的结果。

先分别求出 a、b、-a、-b 的补码：

$[a]_{补}$=01101100，$[b]_{补}$=00101011，$[-a]_{补}$=10010100，$[-b]_{补}$=11010101

（1）计算 a+b

```
   十进制              二进制
    108              01101100
 +   43            + 00101011
   ----              ---------
    151              10010111（溢出）
```

因为 8 位的计算机中的最高位表示符号，所以，最大表达的数据只能是 7 个 1，即 127，而实际数据 151 已经超过了表达的范围，造成结果不正确。

实际上，如果参加运算的数据的符号位相同，而运算结果的符号位与运算的数据的符号位不同，如下所示：

```
   0xxxxxxx           1xxxxxxx
 + 0xxxxxxx         + 1xxxxxxx
   --------           --------
   1xxxxxxx           0xxxxxxx
```

运算结果产生溢出。计算机通过判断两个相同的符号与运算结果符号不同来设置运算结果的溢出标志。

（2）计算 a-b

```
   十进制              二进制
    108              01101100
 -   43            + 11010101
   ----              ---------
     65             101000001
```

因为 8 位的计算机中，只能存放 7 位数据，包括符号位在内运算产生的进位只能存放到运算结果的进位标志位中，跟运算结果无关。运算后，最高位仍然是符号位。

$[a]_{补}+[-b]_{补}=01000001$,所以,$a-b=(1000001)_2=65$。

(3) 计算-a+b

```
     十进制              二进制
     -108              10010100
   +   43            + 00101011
   ─────             ──────────
     -65              10111111
                      11000001(原码)
```

如果运算结果为负数(符号位为1),则将补码变成原码才可以看出结果。

因此,$-a+b=(-1000001)_2=-65$。

2.2.3 浮点数表示

上面介绍了计算机中整数的表示,而实数可以是小数,也可以既包含整数又包含小数。例如:

十进制实数:123.456;-0.001234。

二进制实数:1011.011;-0.000101101。

在计算机中,二进制实数可以用浮点数表示。

在**科学计数法**中,任意一个十进制实数都可以表示成一个纯小数和一个10的指数乘幂的积。

例如:$123.456 = 0.123456 \times 10^3$,

$-0.00123456 = (-0.123456) \times 10^{-2}$

同样,二进制实数也可以表示成类似的形式。

例如:$1011.011 = 0.1011011 \times 2^{100}$,

$-0.000101101 = (-0.101101) \times 2^{-11}$

为了表达二进制数,需要一个二进制纯小数和一个二进制的指数。

根据 IEEE754 国际标准,需要对实数进行**规格化处理**。

规格化后的小数形式为 1.M,这时的小数部分(M)称为尾数;**指数**部分称为阶码,阶码用指数加上一个数(127)后形成的移码表示。

浮点数有两种格式:单精度浮点数和双精度浮点数。单精度浮点数采用 32 位表示,双精度浮点数采用 64 位表示。单精度浮点数在计算机内的表示如图 2.2 所示。

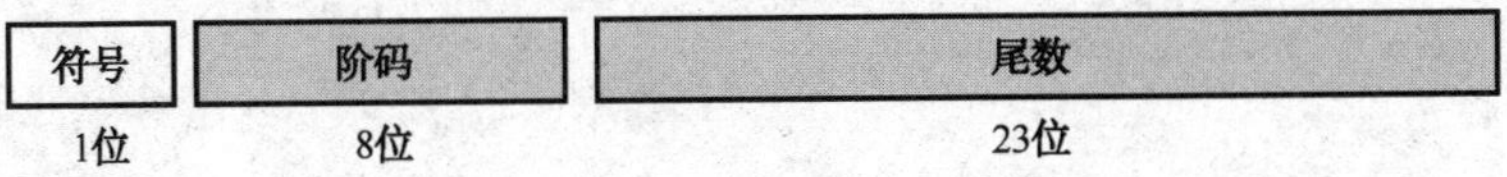

符号	阶码	尾数
1位	8位	23位

图 2.2 32 位浮点数的一种表示法

其中,

符号:数值为正,符号位为 0;数值为负,符号位为 1。

阶码:采用移码表示,移码 = 指数+127(即 8 位二进制 01111111)。

尾数:规格化后的小数部分。

【例 2.13】 采用 IEEE754 单精度浮点数表示二进制实数 1011.011 和-0.001011011。

因为 $1011.011 = 1.011011 \times 2^{11}$,所以,

移码:11+01111111=10000010

计算机浮点数表示如下：

| 0 | 10000010 | 01101100000000000000000 |

因为-0.000101101=(-1.01101)×2^{-100}，所以，

移码：-100+01111111=01111011

计算机浮点数表示如下：

| 1 | 01111011 | 01101000000000000000000 |

第 3 章

逻辑运算和简单计算机的构成

计算机不但可以进行数值运算,而且可以进行逻辑运算。逻辑部件既可实现逻辑运算,也可实现算术运算。通过逻辑部件可以构建一个简单的计算机。

3.1 逻辑值表示及运算

计算机具有很强的逻辑运算能力,即可以对逻辑值进行运算。
逻辑值:真,假。
逻辑值计算机表示:"1"代表真,"0"代表假。
基本逻辑运算:"与"、"或"、"非"和"异或"。

3.1.1 "与"运算

如果决定一件事需要两个以上的条件且缺一不可,则结果与各条件的关系称为"与"。
逻辑"与"又称逻辑"乘",一般用符号"∧"或"·"表示。
设 x 和 y 为逻辑变量,f 表示逻辑运算结果,则**逻辑"与"的运算表示为**
$$f = x \wedge y \text{ 或 } f = x \cdot y$$
逻辑"与"的运算规则如表 3.1 所示。

表 3.1 逻辑"与"的运算规则

x	y	f=x∧y
0	0	0
0	1	0
1	0	0
1	1	1

逻辑"与"的功能:仅当逻辑变量 x 与 y 的值均为 1 时,运算结果 f 为 1,也就是当两个逻辑变量的取值都为"真"时,结果才为"真"。其他情况下,逻辑"与"的运算结果为 0(逻辑"假")。

【例 3.1】 设 X=0FH，Y=55H，求 F=X∧Y。

$$\begin{array}{r} X = 0000\ 1111B \\ \wedge Y = 0101\ 0101B \\ \hline F = 0000\ 0101B \end{array}$$

所以，0FH∧55H=05H。

3.1.2 "或"运算

如果决定一件事可以有两个以上的条件，且只要有一个条件满足时该事就可行，那么结果与各条件的关系称为"或"。

逻辑"或"又称逻辑"加"，一般用符号"∨"或"+"表示。

设 x 和 y 为逻辑变量，f 表示逻辑运算结果，则**逻辑"或"的运算表示为**

$$f=x\vee y \text{ 或 } f=x+y$$

逻辑"或"的运算规则如表 3.2 所示。

表 3.2 逻辑"或"的运算规则

x	y	f=x∨y
0	0	0
0	1	1
1	0	1
1	1	1

逻辑"或"的功能：当逻辑变量 x 或 y 中至少有一个为 1 时，运算结果 f 为 1，即只要有一个条件为"真"或两个为"真"，结果就为"真"。仅当两个逻辑变量均为 0 时，运算结果才为 0。

【例 3.2】 设 X=0FH，Y=55H，求 F=X∨Y。

$$\begin{array}{r} X = 0000\ 1111\ B \\ \vee Y = 0101\ 0101\ B \\ \hline F = 0101\ 1111\ B \end{array}$$

所以，0FH∨55H=5FH。

3.1.3 "非"运算

如果条件与结果相反，当条件满足时结果不成立，条件不满足时结果成立，那么结果与条件之间的关系称为"非"。

逻辑"非"的运算表示为

$$\bar{x}、\bar{y}$$

逻辑"非"的运算规则如表 3.3 所示。

表 3.3 逻辑"非"的运算规则

x	f=$\bar{x}$
0	1
1	0

逻辑"非"的功能： 当逻辑变量为 1 时，其运算结果为 0；而当逻辑变量为 0 时，其运算结果为 1。

【例 3.3】 设 X=0FH，求 $F=\overline{X}$。

$$X = 0000\ 1111\ B$$
$$F = \overline{X} = 1111\ 0000\ B$$

所以，$\overline{X}$ =F0H。

3.1.4 "异或"运算

如果决定一件事有两个条件，当只有一个条件满足时就可行，两个条件都满足或两个条件都不满足时不可行，那么结果与各条件的关系称为"异或"。

逻辑"异或"的运算表示为

$$f = x \oplus y$$

逻辑"异或"的运算规则如表 3.4 所示。

表 3.4 逻辑"异或"的运算规则

x	y	f=x⊕y
0	0	0
0	1	1
1	0	1
1	1	0

逻辑"异或"的功能： 两个逻辑变量 x 和 y 的取值相同，运算结果则为 0；x 与 y 的取值不同（一个为 1，另一个为 0）时，运算结果为 1。这个功能可简记为"相同为 0，不同为 1"。

【例 3.4】 设 X=0FH，Y=55H，求 $F=X \oplus Y$。

$$X = 0000\ 1111\ B$$
$$\oplus Y = 0101\ 0101\ B$$
$$\overline{F = 0101\ 1010\ B}$$

所以，0FH ⊕ 55H=5AH。

3.1.5 逻辑代数基本公式

为了理解逻辑代数的基本公式，先通过下面的例子看十进制算术运算的基本公式。
例如：

$$16 \times (25+35) = 16 \times 25 + 16 \times 35$$

有十进制数 x、y、z，则：

$$x \times (y+z) = x \times y + x \times z$$

逻辑代数运算也有很多基本公式，如表 3.5 所示。

表 3.5 逻辑代数的基本公式

序号	公 式	序号	公 式
1	$0 \cdot x=0$	10	$\bar{1}=0；\bar{0}=1$
2	$1 \cdot x=x$	11	$1+x=1$
3	$x \cdot x=x$	12	$0+x=x$
4	$x \cdot \bar{x}=0$	13	$x+x=x$
5	$x \cdot y=y \cdot x$	14	$x+\bar{x}=1$
6	$x \cdot (y \cdot z)=(x \cdot y) \cdot z$	15	$x+y=y+x$
7	$x \cdot (y+z)=x \cdot y+x \cdot z$	16	$x+(y+z)=(x+y)+z$
8	$\overline{x \cdot y}=\bar{x}+\bar{y}$	17	$x+y \cdot z=(x+y) \cdot (x+z)$
9	$\bar{\bar{x}}=y$	18	$\overline{x+y}=\bar{x} \cdot \bar{y}$

【例 3.5】 设 x=1，y=0，求 f=$\overline{x \cdot y}$。

方法一：先计算 $x \cdot y$，再计算 $\overline{x \cdot y}$。

因为 x=1，y=0；

所以 $x \cdot y=1 \cdot 0=0$；$\overline{x \cdot y}=1$。

方法二：先计算 $\bar{x}$ 和 $\bar{y}$，再计算 $\overline{x \cdot y}$。

因为 x=1，y=0；

所以 $\bar{x}=0$，$\bar{y}=1$；$\overline{x \cdot y}=\bar{x}+\bar{y}=0+1=1$。

【例 3.6】 设 X=0FH，Y=55H，求 F=$\overline{X \cdot Y}$。

因为 $\overline{X \cdot Y}=\bar{X}+\bar{Y}$；$\bar{X}$=1111 0000B，$\bar{Y}$=1010 1010B

则 $\bar{X}+\bar{Y}$=1111 1010B=FAH

所以，$\overline{X \cdot Y}$=FAH。

3.2 逻辑电路基础

在计算机中，通过逻辑电路可以表达逻辑值的两个状态（真和假），通过逻辑电路可以实现逻辑运算。

1. 基本逻辑电路符号

最基本的逻辑运算是与（AND）、或（OR）、非（NOT）和异或（XOR），图 3.1 所示分别是对应这四种基本逻辑运算逻辑电路（称为门电路）的图形符号，其中非门的输出端的圆圈表示取反操作。

其中，上排是国际上常用的符号，下排是国家标准符号。

除去上述四种门电路，还有两个常用的门电路是与非（NAND）和或非（NOR）门，如图 3.2 所示。

有了这些门电路之后，任意复杂的逻辑关系都可以通过这些门电路的组合来实现。

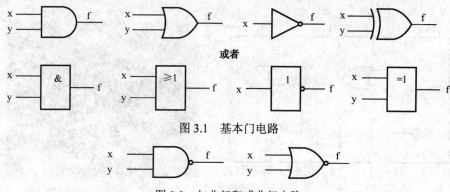

图 3.1 基本门电路

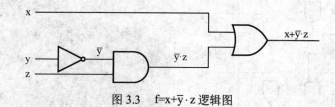

图 3.2 与非门和或非门电路

【例 3.7】 有三个逻辑变量 x、y、z，画出实现 f=x+ȳ·z 的逻辑图。

逻辑表达式 f=x+ȳ·z 表示成门电路的组合，如图 3.3 所示。

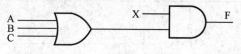

图 3.3 f=x+ȳ·z 逻辑图

【例 3.8】 某项比赛现场有三位选手 A、B、C 进行抢答，要求在主持人发出"允许抢答"指令后，有人答题就发出声音。用门电路设计一个抢答器，实现上述功能。

由输出信号 F 来控制喇叭的动作，当 F 为 1 时，喇叭响；F 为 0 时，喇叭不响。假定主持人为 X，则 F=(A+B+C)·X。因此，抢答器的逻辑图如图 3.4 所示。

图 3.4 抢答器的逻辑图

2. 基本逻辑电路器件

市场上的基本逻辑电路器件很多，74 系列集成电路 74LS32 双输入四或门和 74LS00 双输入四与非门的管脚图如图 3.5 和图 3.6 所示。其中，逻辑真（1）用 +5V 表示，逻辑真（0）用 0V 表示，地线是 GND。

【例 3.8 续】 采用基本的集成电路实现主持人 X 按下按钮后，A、B、C 三人中有一人及其以上按下按钮，喇叭就响。

如果我们手头只有 74 系列集成电路 74LS32 双输入四或门和 74LS00 双输入四与非门，想要实现抢答器功能，就需要对逻辑表达式进行适当变换。

因为 F=(A+B+C)·X
　　　=((A+B)+C)·X

下面利用基本的集成电路产品实现该逻辑功能，如图 3.7 所示。

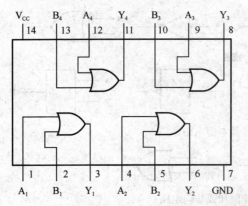

图 3.5　74LS32 管脚图

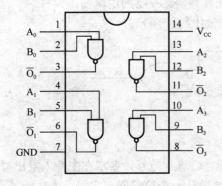

图 3.6　74LS00 管脚图

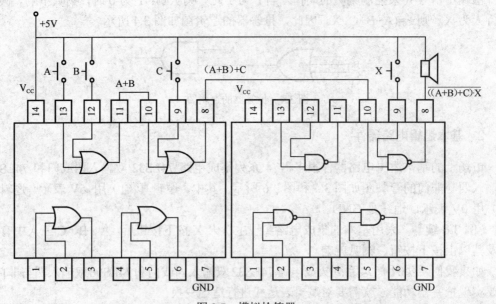

图 3.7　模拟抢答器

因为 F 为真（1），输出+5V。但由于只有与非门，所以实际输出 $\overline{F}$。我们把喇叭接在电源 Vcc 和 $\overline{F}$ 之间，正好又是反向。因为 $\overline{F}=0$，喇叭上有压差，喇叭就会发出声音。

注意：实际制作时，A、B、C、X 端还需要分别接入一个电阻。

3.3 计算机的基本组成

现代计算机的运算器和控制器都包装在一起，称为中央处理器（CPU），CPU 已经非常复杂。图 3.8 所示为 Intel 公司的一款 CPU。这里，我们不能介绍 CPU 内部的实际组成，而只能介绍它最基本的组成。

图 3.8 Intel 公司的一款 CPU

CPU 包括运算器、寄存器、计数器和控制逻辑等，如图 3.9 所示。CPU 实现它定义的机器指令功能，并自动执行程序。

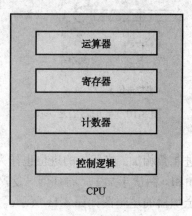

图 3.9 CPU 的组成

3.3.1 加法器

加法器是最基本的运算器。为了说明加法器，先看一下 8 位二进制加法：

```
   01101100
 + 11010101
 ──────────
  101000001
```

8 位加法是由 8 个 1 位相加得到的。

1. 1 位加法器

不考虑低位的进位的两个二进制数字相加称为"半加"，实现半加功能的逻辑电路称为"半加器"。

（1）半加器

半加器包含两个输入和两个输出，两个输入是两个需要相加的二进制数字；两个输出，一个表示本位的求和结果，另一个表示向上一位的进位。半加器的真值表如表 3.6 所示。

表 3.6 半加器的真值表

x　y	半加和　半加进位
0　0	0　　　　0
0　1	1　　　　0
1　0	1　　　　0
1　1	0　　　　1

由表 3.6 可以看到，半加和操作实际上就是对输入的两个二进制数进行异或（XOR）运算，而进位输出等效于对输入的两个二进制数进行与（AND）运算。因此，将一个异或门和一个与门组合在一起，就得到了半加器的逻辑图，如图 3.10 所示。

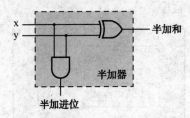

图 3.10　半加器的逻辑图

（2）全加器

半加和仅仅实现两个二进制数相加。将低位的进位也作为一个输入，与本位半加和再进行半加，就能得到一位全加和。两次半加中，将任何一次产生的进位作为本位进位，都可实现"全加器"的功能。全加器的逻辑图如图 3.11 所示。

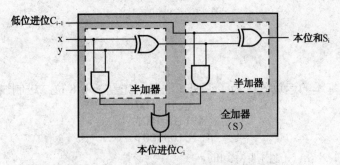

图 3.11　全加器的逻辑图

2. 8 位加法器

显然，全加器仅仅完成一位二进制数的加法运算，那么要实现 8 位二进制数的加法运算，只需要将全加器作为一个加法单元，复制 8 次，然后将每个全加器的进位输出端连接到左边相邻的全加器的进位输入端,就得到 8 位二进制数的加法器,如图 3.12 所示。

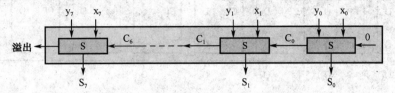

图 3.12　8 位逐位进位加法器的逻辑图

3.3.2　寄存器

寄存器用于存放二进制数据或代码,包括输入、输出和控制。控制信号成立时,输入状态进入寄存器;控制信号不成立时,寄存器保持原来的状态不变。寄存器的状态可以随时输出。

1. 1 位寄存器

能够寄存 1 位二进制的逻辑电路如图 3.13 所示,又称 D 触发器。

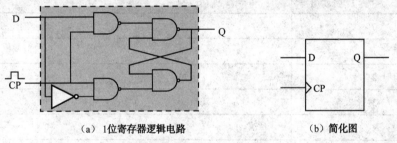

(a) 1位寄存器逻辑电路　　　　(b) 简化图

图 3.13　D 触发器

D 触发器的功能如表 3.7 所示。

表 3.7　D 触发器的功能表

D(输入端)	CP(控制端)	Q(输出端)
0	1	0
1	1	1
0	0	保持原状态
1	0	保持原状态

从表 3.7 可知,CP 为 1 时,Q 的状态与 D 相同;CP 为 0 时,不管 D 的状态如何变化,Q 保持原状态不变。

2. 8 位寄存器

可以用 8 个 D 触发器来构成 8 位寄存器,如图 3.14 所示。

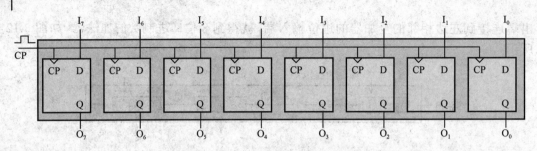

图 3.14 简单的 8 位寄存器

这个寄存器有 8 根输入线（$I_0 \sim I_7$）、8 根输出线（$O_0 \sim O_7$）和 1 根时钟信号线（CP）。CP 为真（1）时，$I_0 \sim I_7$ 打入寄存器中；CP 为假（0）时，寄存器将保存刚打入的 8 位二进制数据。

3.3.3 计数器

为了实现计数器的功能，先分析计数器状态变化规律，如表 3.8 所示。

表 3.8 计数器状态变化表

CP	Q_3	Q_2	Q_1	Q_0
0	0	0	0	0
1	0	0	0	1
2	0	0	1	0
3	0	0	1	1
4	0	1	0	0
⋮			⋮	
15	1	1	1	1

从表 3.8 可以看出，最低位 Q_0 在每个 CP 状态（0 到 1 变化）都会改变。Q_1 在 Q_0 为 1 时下一个 CP 状态都会改变。$Q_2 \sim Q_3$ 在它的低位为 1 时下一个 CP 状态都会改变。

用 T 触发器可以很简单地组成计数器。T 触发器的功能如表 3.9 所示。

表 3.9 D 触发器的功能表

D	CP	Q
0	1	1
1	1	0
0	0	保持原状态
1	0	保持原状态

即 $Q(t+1) = Q'(t)$。

用 T 触发器实现计数器功能的原理如图 3.15 所示。

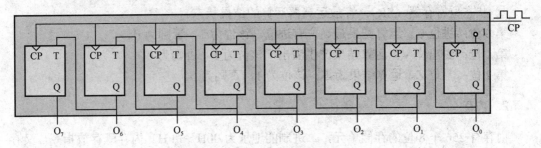

图 3.15　T 触发器实现计数器功能

3.4　简单计算机

为了解释计算机的体系结构及其指令处理,现引入一台简单(非真实的)计算机。

3.4.1　一台简单计算机

简单计算机有三个组成部分:CPU、内存和输入/输出,如图 3.16 所示。

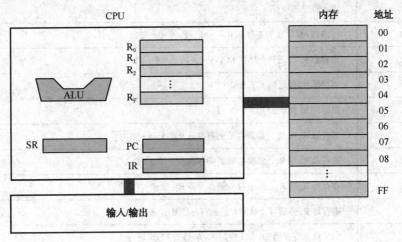

图 3.16　简单计算机的组成

1. CPU

CPU 包含 15 个数据寄存器($R_0 \sim R_F$)、1 个运算器(ALU)、1 个程序计数器(PC)、1 个指令寄存器(IR)和 1 个状态位寄存器(SR)。

① 数据寄存器($R_0 \sim R_F$):存放需要运算的和运算得到的结果。

② 运算器(ALU):又称算术逻辑单元,可以进行算术逻辑运算。运算的数据从数据寄存器($R_0 \sim R_F$)得到,运算的结果存放在数据寄存器 R_0 中。

③ 程序计数器(PC):指定需要运行的指令在内存中的地址。

④ 指令寄存器(IR):由程序计数器指定内存地址,获得指令后传送到指令寄存器中,

CPU 控制逻辑根据指令寄存器的内容发出控制信号，完成指令功能。

⑤ 状态位寄存器（SR）：存放运算器运算的结果状态。

第 0 位：进位 C。运算结果最高位有进位，该位为 1，否则为 0。

第 1 位：溢出位 V。运算结果产生溢出，该位为 1，否则为 0。

第 2 位：零位 Z。运算结果为零，该位为 1，否则为 0。

2. 内存

内存有 256 个 8 位的存储单元，二进制的地址为 00H～FFH。内存既存放指令，又存放数据。

3. 输入/输出

为了简化输入/输出过程，现假定程序和数据已经存放到内存中，运算结果也不需要输出。

假定简单计算机具有 10 条指令。指令表如表 3.10 所示。

表 3.10 简单计算机的指令表

指　令	功　能
0 0	停止程序的执行
1 R_x M_y	存储器 M_y 传送到寄存器 R_x；x=0～F，y=00～FF
2 M_y R_x	寄存器 R_x 传送到存储器 M_y；x=0～F，y=00～FF
3 R_x	寄存器 R_0 传送到 R_x；x=0～F
4 R_x	寄存器 R_x 传送到 R_0；x=0～F
5 R_x	寄存器 R_0 加 R_x，结果存放到寄存器 R_0；x=0～F
6 R_x	寄存器 R_0 与 R_x，结果存放到寄存器 R_0；x=0～F
7 R_x	寄存器 R_0 或 R_x，结果存放到寄存器 R_0；x=0～F
8 R_x	寄存器 R_x 非运算，结果存放到寄存器 R_0；x=0～F
9 i M_y	如果状态寄存器 SR 的 i 位为 1，转移到 M_y 地址

3.4.2 一段程序

通过指令就可以编写解决问题的程序。

【例 3.9】 编写程序，使简单计算机进行整数 x 和 y 的相加。

（1）程序和数据安排

程序存放内存开始地址：00H

数据 x 存放内存地址：6AH；数据为 65，对应十六进制 41H。

数据 y 存放内存地址：6BH；数据为 43，对应十六进制 2BH。

相加结果存放内存地址：6CH。

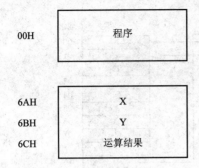

（2）程序（见表 3.11）

表 3.11 整数 x 和 y 相加的程序

内存地址	内容	程序说明
00:	106A	$R_0 \leftarrow (6AH)$
02:	116B	$R_1 \leftarrow (6BH)$
04:	51	$R_0 \leftarrow R_0 + R_1$
05:	26C0	$6CH \leftarrow R_0$
07:	00	停止程序的执行

（3）将程序和数据放入内存中（见图 3.17）

内存	地址
10	00
6A	01
11	02
6B	03
51	04
26	05
C0	06
00	07
⋮	
41	6A
2B	6B
⋮	
	FF

图 3.17 放入内存的程序和数据

（4）指令执行过程

初始：PC←00

① 根据 PC 内容到内存取指令 106A。

② 根据指令发出控制信号。

③ 执行指令，将内存地址 6A 中的数据 41H 传送到寄存器 R_0 中。

第 1 条指令执行过程如图 3.18 所示。

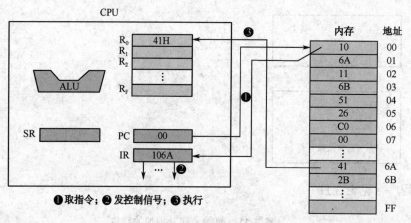

图 3.18　指令执行过程

此时 PC=02H，重复上述过程，执行第 2 条指令，将内存地址 6B 中的数据 2BH 传送到寄存器 R_1 中。

此时 PC=04H，重复上述过程，执行第 3 条指令，将 R_0 中的数据 41H 和 R_1 中的数据 2BH 相加后存放到 R_0 中。

此时 PC=05H，重复上述过程，执行第 4 条指令，将 R_0 中的数据存放到内存地址 4CH 中。

此时 PC=07H，重复上述过程，执行第 5 条指令，停止程序的执行。

程序执行后，内存地址 6CH 中的内容为 01101100B，对应十进制 108。

（5）实例思考

如果 x=108，y=43，仍然运行这个程序，则程序运行结果不正确。因为结果超出 8 位补码数值表示范围。在进行第 3 条"加"运算后，状态寄存器的溢出位（V）为 1。对于编程者，在进行运算后，需要采用 "9 i M_y" 指令，根据状态寄存器的位进行判断后编写相应的处理程序。上面的程序没有考虑这个问题。

如果要实现 x-y，只需要在内存地址 6BH 中存放 -y 的补码，仍然运行这个程序即可。

如果 x=108，y=43，则程序运行结果正确。因为 x 和 -y 的补码相加最高位会产生进位，在进行第 3 条"加"运算后，状态位寄存器的进位（C）为 1。

第 4 章 计算机硬件系统

计算机硬件系统是计算机的基础,目前的计算机硬件系统主要使用超大规模、极大规模集成电路。逻辑电路是集成电路的基础。

4.1 计算机硬件的基本组成

4.1.1 基本组成

计算机硬件系统包括运算器、控制器、存储器、输入设备和输出设备。目前,计算机五大部件的连接方式如图 4.1 所示。各个部分还包括控制器,用来协调各部分工作。这五个部分之间通过**总线**连接起来。

图 4.1 计算机组成

1. **中央处理器**

中央处理器(CPU)实现运算器和控制器的功能。在控制器的控制下,完成算术运算、逻辑运算和数据传送等各种处理工作。大规模集成电路的出现,使得中央处理器可以制作在一块半导体芯片上(称为超大规模集成电路),因为体积很小,所以又称为微处理器。

2. **存储器**

存储器可以分为半导体存储器、磁记录存储器和光盘存储器。存储容量以字节(Byte,简写为 B)为单位,1 个字节由 8 位(bit,简写为 b)二进制组成。另外,KB、MB、GB、

TB等都是表示存储容量的单位，1KB=1 024B，1MB=1 024KB，1GB=1 024MB，1TB=1 024GB。

存储器包括内存储器（简称内存或主存）和外存储器（简称外存）。

（1）内存

内存与CPU直接相连，用来存放CPU运行所需要的程序和数据。计算机的内存一般采用半导体存储器，存取速度快但存取容量有限。

（2）外存

外存不与CPU直接相连，用来存放计算机需要永久保存的信息。外存既可采用磁记录存储器和光盘存储器，也可采用半导体存储器，一般存取容量大但存取速度慢。外存中的程序和数据需要先调入内存才能执行。

3. 输入设备

输入设备用来将数据和程序输入计算机。CPU需要通过输入设备接口才能与输入设备打交道。目前，主要的输入设备包括键盘、鼠标、扫描仪、触摸屏、手写笔、话筒、游戏杆、麦克风、摄像头等。

4. 输出设备

输出设备除了可以用来输出运算结果外，还可以用来输出存储在计算机中的程序、数据和工作文档。CPU需要通过输出设备接口才能与输出设备打交道。目前，主要的输出设备包括显示器、打印机、耳机、音箱等。

4.1.2 半导体存储器

半导体存储器分为只读存储器和随机存储器。

1. 只读存储器

只读存储器（ROM）是只能读取而不能随意改变内容的存储器，常用于存储不需要经常更新的重要数据，因为即使断电，ROM中的数据也不会丢失。

根据工作原理，ROM又分为以下几类。

（1）掩膜式只读存储器（Mask ROM）

这类ROM中的数据是在芯片制造过程中写入的，使用时只能读而不能修改。

（2）可编程式只读存储器（PROM）

它允许一次写入数据，一旦数据被写入PROM后，便将被永久性地保存在其中了。

（3）可擦可编程只读存储器（EPROM）

EPROM芯片上有一个透明窗口，平时用标签封住。当要修改内容时，揭掉窗口上的标签，用紫外线照射该窗口，使其内容丢失，然后用特殊装置向其中写入新的数据，最后用标签封住窗口。

（4）一次编程只读存储器（OPTROM）

OPTROM的写入原理同EPROM，但是为了节省成本，编程写入之后就不再擦除了，因此不设置透明窗。

（5）电可擦可编程只读存储器（EEPROM）

EEPROM 一般采用高出正常工作电压的方法进行在线擦写操作。

（6）快擦除只读存储器或闪存（Flash ROM）

它既有 EEPROM 的特点，又有 RAM 的特点，不需改变电压就可改写其中的数据。

2. 随机存储器

随机存储器（RAM）可以随机存取数据，断电后存储的内容立即消失。根据工作原理和制造技术，RAM 又分为 SRAM（静态随机存储器）和 DRAM（动态随机存储器）两大类。

（1）静态随机存储器（SRAM）

SRAM 的一个存储单元的基本结构就是一个触发器，如图 4.2 所示。只要电源正常供电，触发器就能稳定地存储数据。SRAM 的特点是速度快、集成度低，但成本高。

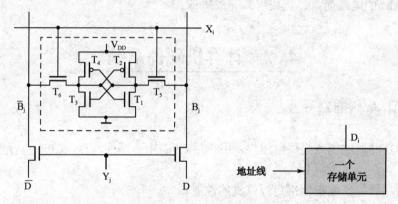

图 4.2 SRAM 的一个存储单元的基本结构和简图

8 个存储单元组合在一起，就可以保存一个字节的数据，如图 4.3 所示。许多字节组成内存 RAM，如图 4.4 所示。

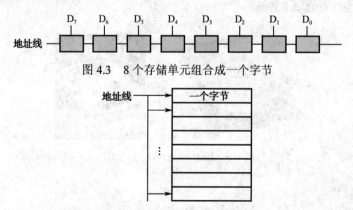

图 4.3 8 个存储单元组合成一个字节

图 4.4 许多字节组成内存 RAM

（2）动态随机存储器（DRAM）

最简单的 DRAM 的一个存储单元由一个晶体管和一个电容组成，通过电容的电压保存数据（有电压为 1，无电压为 0），晶体管用于控制数据的读取和写入，如图 4.5 所示。

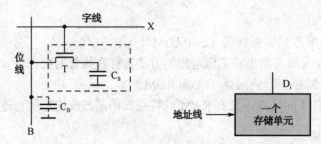

图 4.5 DRAM 的一个存储单元的基本结构和简图

8 个存储单元组合在一起，就可以保存一个字节的数据。许多字节组成内存，做成产品，称为内存条。

由于保存数据需要给电容充电，所以操作速度较慢。并且由于电容会放电，所以需要定时给 DRAM 的存储单元充电以维持存储内容。虽然 DRAM 的读/写速度比 SRAM 慢许多，但 DRAM 的电路简单、集成度高、成本低。

4.2 计算机硬件系统

4.2.1 中央处理器

CPU 的功能通过指令提供给用户，用户用 CPU 指令编成程序，CPU 执行程序解决实际问题。

CPU 的品牌和性能指标决定计算机的性能。

1. 品牌

目前，市场占有率比较高的 CPU 生产厂商主要有美国的 Intel 公司和 AMD 公司。它们的其中一款 CPU 如图 4.6 所示。

图 4.6 Intel 和 AMD 的 CPU

2. 主要性能指标

（1）字长

字长指的是 CPU 能够同时处理的位数。字长越长，计算机性能越好。目前的个人计算机使用的 CPU 基本上是 32 位或 64 位的处理器。

(2) 主频

主频指 CPU 工作的时钟频率，它决定着 CPU 芯片内数据传输与操作速度的快慢。一般地，主频越高，执行一条指令需要的时间就越少，CPU 的处理速度就越快。描述主频的计量单位有 MHz（兆赫兹）、GHz（吉赫兹）等。

4.2.2 内存储器

在实际的计算机中，内存包括 BIOS（Basic Input Output System，基本输入/输出系统）芯片、CMOS（Complementary Metal Oxide Semiconductor，互补金属氧化物半导体）芯片、内存条、高速缓冲存储器等。

1. BIOS 芯片

BIOS 芯片中保存着操作计算机的最核心程序，主要实现对输入/输出设备的基本控制。同时，BIOS 芯片负责计算机开机启动、自我测试、载入操作系统、设置 CMOS 参数等工作。

BIOS 芯片采用 Flash ROM，用户可以直接使用厂商提供的升级程序来修改内容。现在市面上的主板所使用的 BIOS 主要有几种，分别出自厂商 AWARD（已被 PHOENIX 兼并）、AMI、PHOENIX 等。AMI 的一款 BIOS 芯片如图 4.7 所示，对计算机参数进行设置的程序界面如图 4.8 所示。

图 4.7　BIOS 芯片

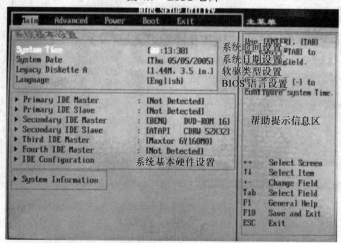

图 4.8　对计算机参数进行设置的程序界面

2. CMOS 芯片

CMOS 芯片是主板上的一块可读、写的 RAM 芯片，用来保存计算机硬件配置信息和用户某些参数。CMOS 芯片一般由主板的电池供电，即使计算机关机，信息也不会丢失。CMOS 的内容由 BIOS 中的有关程序设置。

早期的 CMOS 芯片是一块单独的 MC146818A 芯片（DIP 封装），共有 64 个字节存放系统信息，而目前大多集成到主板南桥中。由于需要设置的内容比过去复杂细致得多，所以需要更多的 CMOS 容量，一般为 128～256 个字节。还有一种叫 DALLDA DS1287 的芯片，同时集成了 CMOS 与系统实时时钟和后备电池。

3. 内存条

内存条采用动态随机存储器 DRAM，由于采用同步技术，所以称为同步动态随机存储器（SDRAM）。同步动态随机存储器包括单倍数据速率 SDR-SDRAM、双倍数据速率 DDR-SDRAM 和四倍数据速率 QDR-SDRAM。

SDR-SDRAM 简称 SDR，DDR-SDRAM 简称 DDR。Clock、SDR 和 DDR 关系如图 4.9 所示。

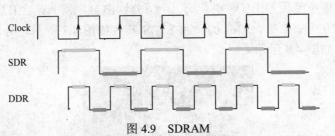

图 4.9 SDRAM

以 DDR 为基础还有 DDR2 和 DDR3，它们比 DDR 的操作速度快一些。某款 DDR3 内存条如图 4.10 所示。

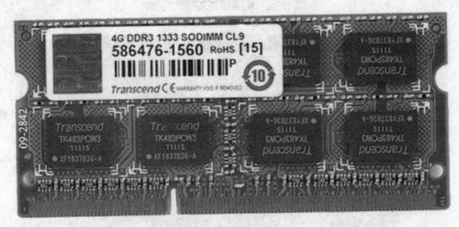

图 4.10 DDR3 内存条

内存条必须与主板上相应的插槽配合才能使用，插槽有不同的标准。

4. 高速缓冲存储器

高速缓冲存储器（Cache）是在内存与 CPU 之间的专用缓冲器，使用的是昂贵但较快速的 SRAM 技术，用于保存内存中已经被 CPU 使用且很可能马上还会使用的内容。这样，CPU 再次使用时就不需要再次到慢速的内存中重新读取这些内容。目前的高速缓冲存储器可直接集成在 CPU 内部，如图 4.11 所示。

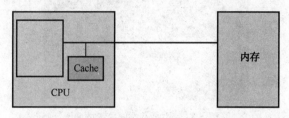

图 4.11　高速缓冲存储器的工作示意图

常见的高速缓冲存储器存储容量有 128KB、256KB 和 512KB。

4.2.3　主板和 I/O 设备接口

计算机的各个部分需要通过主板承载和连接，同时通过南桥芯片和北桥芯片提供常用外存和 I/O 设备的接口，然后通过总线把各个部分连接起来。如图 4.12 所示为主板的示意图。

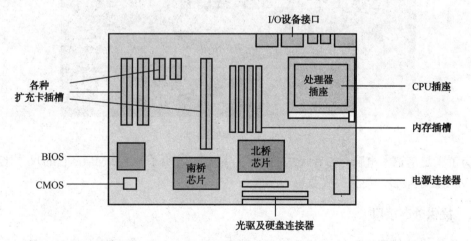

图 4.12　主板的示意图

下面对主板的作用一一进行说明。

1. 承载 CPU 芯片和内存条

主板提供承载 CPU 的插座和承载内存条的内存插槽，同时承载 BIOS、CMOS 芯片和控制计算机运行的其他芯片。

（1）CPU 插座

CPU 插座用于安装 CPU，在外形上分为插座和插槽两种。插座又有不同的规格。某款主板上的 CPU 插座如图 4.13 所示。

图 4.13　主板上的 CPU 插座

（2）内存插槽

内存插槽用来安装内存条。目前流行的内存类型有 DDR2 和 DDR3，统称为 DIMM 插槽。DIMM 插槽的长度相同，但它们与内存条接触点的数量和防插错隔板的位置不同，如图 4.14 所示。

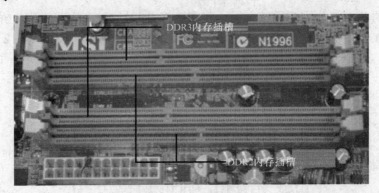

图 4.14　DIMM 插槽

为了满足笔记本电脑对内存尺寸的要求，现已开发出了 SO-DIMM，它的尺寸比标准的 DIMM 要小很多，而且引脚数也不相同。

2. 提供外存接口

主板提供的外存接口包括 IDE 接口、SATA 接口和 USB 接口等。其中，IDE 接口和 SATA 接口如图 4.15 所示。

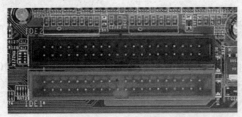 

图 4.15　IDE 接口和 SATA 接口

（1）IDE 接口

IDE 接口用于连接较早并行接口的硬盘、光盘等，由于连接的线数较多，在高速传输时不能满足要求。

（2）SATA（Serial ATA）接口

SATA 接口用于连接较新的串行接口的硬盘、光盘等。连接线较少，但传输速度比 IDE 快。

（3）USB 接口

USB 接口用于连接 U 盘，但 U 盘需要外置。

3. 提供常用的外置 I/O 设备接口

主板提供常用的外置 I/O 设备接口，通过标准插座与外部连接。某款主板与外部连接的标准插座如图 4.16 所示。

图 4.16 与外部连接的标准插座

4. 提供显示器的接口插槽

AGP 插槽（见图 4.17）用于插入外接 AGP 接口显卡，但由于 PCI Express X16 标准插槽的传输速率更高，新主板已用 PCI Express X16 插槽取代了 AGP 插槽。

图 4.17 AGP 插槽

5. 提供不常用的 I/O 设备接口的扩展卡插槽

目前，不常用的 I/O 设备接口扩展卡插槽包含两类。

（1）PCI 插槽

PCI 插槽用于插入外接 PCI 标准 I/O 设备接口卡。某款 PCI 标准的视频卡如图 4.18 所示。

图 4.18 PCI 视频卡

（2）PCI Express 插槽

PCI Express 插槽用于插入外接 PCI Express 标准 I/O 设备接口卡。

PCI 采用并行架构，而 PCI Express 采用串行连接，支持热插拔。PCI Express 包括 X1、X2、X4、X8、X16 和 X32 模式，较短的 PCI Express 卡可以插入较长的 PCI Express 插槽中使用。PCI Express X1 和 PCI Express X16 将成为 PCI Express 主流规格。PCI Express X16 可取代传统的 AGP 标准。PCI、PCI Express X1 和 PCI Express X16 插槽如图 4.19 所示。

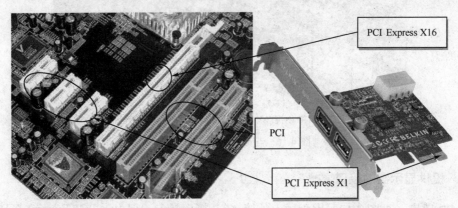

图 4.19 PCI、PCI Express X1 和 PCI Express X16 插槽

4.2.4 芯片组

北桥芯片和南桥芯片合称芯片组。芯片组在很大程度上决定了主板的功能和性能。

1. 北桥芯片

北桥芯片主要负责 CPU、内存、显卡三者间的"交通"，由于发热量较大，因而需要散热片散热。一般来说，芯片组的名称就是以北桥芯片的名称来命名的。

2. 南桥芯片

南桥芯片负责 CPU 和 I/O 设备接口之间的通信（I/O 总线），如 PCI 总线、USB、LAN、ATA、SATA、音频控制器、键盘控制器、实时时钟控制器、高级电源管理等，这些技术一般比较稳定,所以不同芯片组中的南桥芯片差别不大,不同的只是北桥芯片。例如,南桥芯片 ICH6 包含 4 个 Serial ATA 通道、1 个并行 ATA 接口、4 个 PCI Express X1 扩展设备、整合千兆网络、8 个 USB 2.0 接口等。

芯片组与各部分的连接关系如图 4.20 所示。其中图 4.20(a)是原理图,图 4.20(b)是一款主板芯片组实物图。

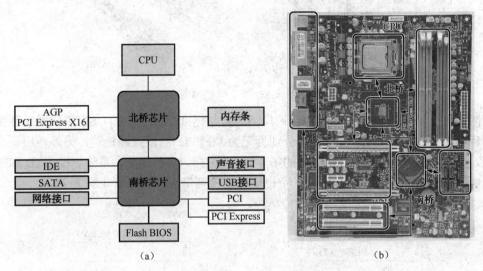

图 4.20　芯片组连接图

4.2.5　常用外置 I/O 设备接口

1. PS/2 接口

PS/2 接口用于专门连接 PS/2 接口的键盘和鼠标。某 PS/2 接口和该接口鼠标如图 4.21 所示。

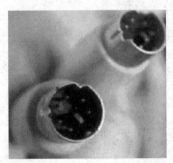 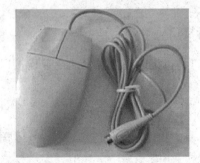

图 4.21　PS/2 接口和鼠标

目前用 USB 接口比较流行,一般计算机均配备 USB 接口的键盘和鼠标。

2. USB 接口

USB 接口分为 Type A 和 Type B 两种。Type A 接头为"长方扁形"设计,用来连接主机；Type B 接头采用"方体四角"设计，用来连接设备。如图 4.22 所示为 USB 接口和 USB 接头。

图 4.22　USB 接口和 USB 接头

除了第 4 针外，Mini USB 的其他接口功能皆与标准 USB 相同。USB 接口用 4 针接头作为标准接头，标准 USB 信号使用分别标记为 D+和 D-的双绞线传输，另外两根是直流电源，如图 4.23 所示。而 Mini USB 的第 4 针 ID 是标识身份用的，系统会根据 ID 脚的电平判断是什么样的设备插入，可以悬空也可以连接到第 5 针，如图 4.24 所示。

触点	功能
1	V_{BUS}（4.75～5.25V）
2	D-
3	D+
4	接地

图 4.23　标准 USB 触点

触点	功能
1	V_{BUS}（4.4～5.25V）
2	D-
3	D+
4	ID
5	接地

图 4.24　Mini USB 触点

早期标准的 USB 1.1 接口的最大传输带宽为 12Mbps，而 USB 2.0 接口为 480Mbps，USB 3.0 接口达 4.8Gbps 以上。USB 标准高版本兼容低版本。

USB 接口除了连接键盘、鼠标外，主要连接打印机、U 盘、数码设备、无线网卡等。

3. 声音接口

声音接口是指集成在主板上的声卡连接口，一般为 3.5mm 模拟音频接口，如图 4.25 所示。

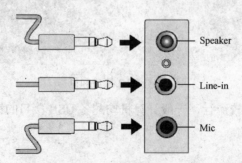

图 4.25　3.5mm 模拟音频接口

其中，Speaker（蓝色）连接音箱、耳机等音频输出设备；Line-in（绿色）是音频线路输入口，主要用于接入电子乐器、录音设备等；Mic（红色）是麦克风的输入口。

传统的 Speaker 接口只能提供两个声道立体声功能。如果是 5.1 声道（6 声道）就需要 3 个立体声接口来接驳（无缝连接）扬声器，7.1 声道（8 声道）就需要 4 个立体声接口。

另外，S/PDIF 接口是一种数字传输接口，普遍使用光纤和同轴线缆输出，能保持高保真度的输出结果。如图 4.26 所示为同轴线缆和 S/PDIF 接口。

图 4.26　同轴线缆和 S/PDIF 接口

4. 显示器接口

显示器接口是显卡集成在主板上提供连接显示器的接口。显示器接口包括下列几种。

（1）D-Sub（VGA）接口

D-Sub 接口又称 VGA 接口，是 D 形的三排 15 针插口，如图 4.27 所示。CRT 彩色显示器只能接收包含五个分量的模拟信号输入，对应红、绿、蓝三色信号和垂直同步、水平同步信号。它是大多数计算机显卡最普遍的接口。除了这五个必不可少的分量外，最重要的是在 1996 年以后的彩色显示器中还增加了 DDC 数据分量，用于读取显示器 EPROM 中记载的有关彩色显示器的品牌、型号、生产日期、序列号、指标参数等信息内容，以实现 Windows 所要求的 PnP（即插即用）功能。

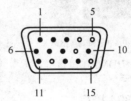

图 4.27　D-Sub 接口

（2）DVI（数字视频接口）

目前的 DVI 接口分为两种：一种是 DVI-D 接口（见图 4.28），只能接收数字信号，不兼容模拟信号，接口上只有 3 排 8 列共 24 个针脚，其中右上角的一个针脚为空；另外一种则是 DVI-I 接口（见图 4.29），可同时兼容模拟和数字信号。兼容模拟信号并不意味着模拟信号的 D-Sub 接口可以连接在 DVI-I 接口上，而必须通过一个转换接头才能使用，一般采用这种接口的显卡都带有相关的转换接头。

（3）HDMI（高清晰度多媒体接口）

HDMI 接口可以提供高达 5Gbps 的数据传输带宽，可以传送无压缩的音频信号和高分辨率视频信号，如果再有一条 HDMI 线，便可以同时传送影音信号；支持 HDCP 协议，为收看有版权的高清视频打下了基础。HDMI 接口如图 4.30 所示。其已经成为目前液晶电视等高清显示设备的必备接口。

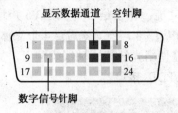
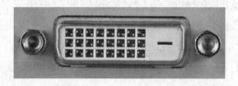

图 4.28 DVI-D 接口

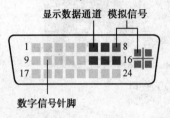

图 4.29 DVI-I 接口

5. 网络接口

网络接口是指集成在主板上的以太网网卡 RJ-45 连接口,如图 4.31 所示。目前的笔记本电脑同时集成了无线网卡。

图 4.30 HDMI 接口   图 4.31 网络接口

6. IEEE 1394 接口

IEEE 1394 又称火线(FireWire)接口,是由苹果公司领导的开发联盟开发的一种高速度传送接口,数据传输率一般为 800Mbps,用于连接具有大量数据的数码设备,如数码摄像机、数码相机等。IEEE 1394 接口有 6 针与 4 针两种规格,如图 4.32 所示。

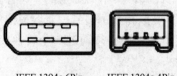

图 4.32 IEEE 1394 接口

4.3 外存储器

外存储器作为内存的后援设备，存放暂时不执行而将来要执行的程序和相应的数据。常用的外存有硬盘、光盘（CD 和 DVD）、U 盘、CF 卡、SD 卡等。

4.3.1 硬盘

硬盘采用磁记录存储信息。它利用外加磁场在磁介质表面进行磁化，产生两种方向相反的磁畴单元来表示 0 和 1。为了能在盘面的指定区域上读/写数据，必须将每个磁盘面划分为数目相等的同心圆，称为**磁道**。磁道按径向从外向内，依次从 0 开始编号。每个磁道又等分为若干个弧段，称为**扇区**。与主机交换信息是以扇区为单位进行的，如图 4.33 所示。

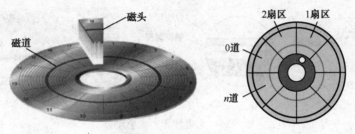

图 4.33 扇区与磁道

一个硬盘可以有多张硬质镀磁盘片。硬盘与硬盘驱动器是封装在一起的。硬盘的柱面如图 4.34 所示，某款硬盘的结构如图 4.35 所示。

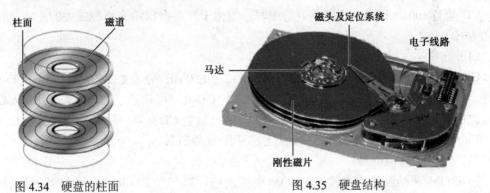

图 4.34 硬盘的柱面　　　　　图 4.35 硬盘结构

以前主板与硬盘采用传统的 40-pin 并口（IDE 接口）数据线连接，但因为线太多，随着传输速率的提高，抗干扰能力变差，且不利于计算机散热，逐渐被 SATA 接口所取代。

市场上有名的硬盘包括希捷、西部数据、日立、迈拓、三星等，其主要指标有以下三个。

（1）存储容量

硬盘存储容量的计算公式如下：

磁头数×柱面数×每磁道扇区数×每扇区字节数

（2）运转速度

硬盘的运转速度用转/分（r/min）表示。硬盘的运转速度包括 5 400r/min、7 200r/min 和 15 200r/min 等。

（3）接口

硬盘接口包括较早的 IDE 并行接口和目前流行的串行 SATA 接口。

4.3.2 光盘

光盘存储器依靠激光技术实现信息的读/写，具有记录密度高、存储容量大、采用非接触方式读/写信息、成本较低、信息可长期保存等优点，但传输速度比硬盘慢很多。光盘存储器由呈圆盘状的光盘片（简称光盘，如图 4.36（a）所示）和光盘驱动器（简称光驱，如图 4.36（b）所示）两个部分组成。

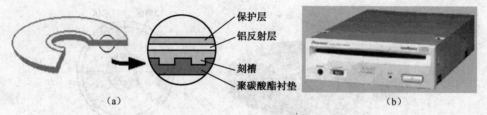

图 4.36 光盘片和光盘驱动器

目前主要有 CD 和 DVD 两大类光盘，它们的结构和工作原理是大体相似的。

1. CD 和 CD 驱动器

CD 是 Compact Disc（压缩盘）的缩写，但由于其是根据激光原理制成的，所以一般称之为 CD。

（1）光盘

CD 的直径约为 12cm（也有 8cm 的），容量约为 650MB，分为 CD-ROM、CD-R、CD-RW 三种。CD-ROM（只读型 CD）是一种只读 CD；CD-R（可记录型 CD）是一种写入后不能修改但允许反复多次读出的 CD；CD-RW（可重写型 CD）是一种可重复擦写的 CD。

VideoCD（简称 VCD）在 CD 光盘上记录音/视频节目。

（2）CD-ROM 驱动器

CD-ROM 驱动器是用来读 CD-ROM 的驱动器。第一代 CD-ROM 驱动器的数据传输速率是 150KB/s。CD-ROM 驱动器的倍速是指单倍速（第一代的速率）的倍数。例如，50 倍速数据传输速率为 7.5MB/s。

CD 刻录机可以刻写 CD-R 和 CD-RW 两种盘片。

目前，市场上 CD 光盘已经不太流行。

2. DVD 和 DVD 驱动器

DVD 的英文全称是 Digital Versatile Disc，即数字通用光盘。DVD 盘片与 CD 盘片的大小相同，但是 DVD 的光道间距只有 CD 光盘的一半，大大提高了盘片的存储容量。图 4.37 展示了 CD 和 DVD 盘片的光道差异。

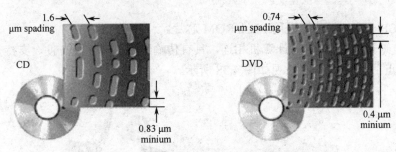

图 4.37　CD 和 DVD 盘片的光道差异

DVD 可以单面存储，也可以双面存储，每一面可以是单层的，也可以是双层的。因此，一张 DVD 最多可有双面共四层的存储空间。表 4.1 列出了不同 DVD 光盘的存储容量。

表 4.1　不同 DVD 光盘的存储容量

DVD 光盘类型	12cm DVD 存储容量（GB）	8cm DVD 存储容量（GB）
单面单层	4.7	1.46
单面双层	8.5	2.66
双面单层	9.4	2.92
双面双层	17	5.32

DVD-5（简称为 D5）即单面单层，最大容量为 4.7GB。DVD-9（简称为 D9）即单面双层，最大容量为 8.5GB。

与 CD 类似，DVD 也可分为只读型、可记录型和可重写型三类。相应地，DVD 驱动器也分为仅用于读出 DVD-ROM 驱动器和可以读/写数据的 DVD 刻录机。

3. BD 和 HD-DVD

（1）BD

BD 是"蓝光影碟"的意思。DVD 的激光头用的是橙红色，而蓝光的波长更小，在碟片上的聚焦点更小，这样就能把更多的数据储存在同样大小的碟片上。蓝光光盘和普通光盘（CD）及数码光盘（DVD）的尺寸一样，但能储存 50GB 的内容。BD 以索尼、松下、飞利浦为核心，同时得到先锋、日立、三星、LG 等巨头的鼎力支持。

（2）HD-DVD

由于蓝光 DVD 和当前的 DVD 格式不兼容，直接加大了厂商过渡到蓝光 DVD 生产环境的成本投入，因此大大延迟了蓝光成为下一代 DVD 标准的进程。HD-DVD 由东芝和 NEC 联合推出，采用的 AOD 技术相比于蓝色激光最大的优势在于能够兼容当前的 DVD，并且在生产难度方面也要比蓝光 DVD 的生产难度低得多。

4.3.3 U盘、CF卡和SD卡

U盘、CF卡和SD卡均采用Flash ROM芯片。

① U盘通过USB接口与计算机相连,具有传输速度快、使用方便、支持热插拔、连接灵活等特点。某款U盘的外观如图4.38所示。

图4.38 U盘

② CF卡的全称是Compact Flash Card,体积和容量相对其他卡较大,速度也较快,因而在专业和准专业领域中得到了大量应用,主流数码相机和高端消费相机都支持CF卡。某款CF卡的外观如图4.39所示。

③ SD卡的全称是Secure Digital Card,是全新存储卡产品。SD卡最大的特点是可以通过加密功能保证数据的安全,多用于MP3、数码相机、数码摄像机、PDA、手机等数码产品中。某款SD卡的外观如图4.40所示。

图4.39 CF卡   图4.40 SD卡

CF卡和SD卡通过插入USB转换接口中与计算机连接。

4.4 输入/输出设备

4.4.1 输入设备

目前使用的输入设备包括键盘、鼠标、触摸屏(手写)、条形码阅读器、语音输入、扫描仪、操作杆等。

1. 键盘

键盘是最为常见的输入设备，其键数、大小、形状都有差别。按照应用场合，可以将键盘分为台式机键盘、笔记本电脑键盘、工控机键盘、速录机键盘、双控键盘、超薄键盘、手机键盘等。常用的与计算机连接的接口有 PS/2 接口、USB 接口和无线接口。

普通键盘（一般指台式机键盘）主要分为五个区域，即主键盘区、编辑键区、功能键区、小键盘区和特殊键区，如图 4.41 所示。

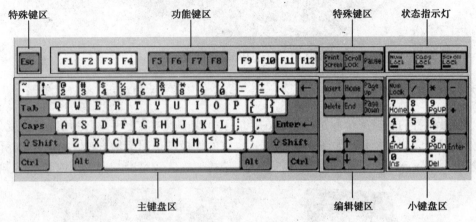

图 4.41 普通键盘

2. 鼠标

可以按键数将鼠标分为两键鼠标、三键鼠标、五键鼠标和新型的多键鼠标。两键鼠标和三键鼠标的左右按键功能完全一致，一般情况下用不到三键鼠标的中间按键。五键鼠标多用于游戏，4 键前进，5 键后退，另外还可以设置为快捷键。多键鼠标是新一代的多功能鼠标，如有的鼠标上带有滚轮，大大方便了上下翻页；有的鼠标上除了有滚轮，还增加了拇指键等快速按键，进一步简化了操作程序。

鼠标与计算机连接的接口包括 PS/2 接口、USB 接口和无线接口，如图 4.42 所示。无线鼠标可适应大屏幕显示器，采用无线遥控，接收范围在 1.8 米以内。

图 4.42 PS/2 接口、USB 接口和无线接口鼠标

笔记本电脑自带的鼠标比较特别，如图 4.43 所示。方块区下部是两个键，手指在上方接触移动，或者摆动上面的红色圆点就可以改变指向位置。当然，也可为笔记本电脑外接鼠标。

图 4.43　笔记本电脑自带的鼠标

3. 触摸屏

当前最流行的触摸屏输入是指可以在智能手机或平板电脑上手写，利用感应温度分布原理分析用户表达的操作，如图 4.44 所示；也有的触摸屏采用笔触方法，如图 4.45 所示。笔触触摸屏通过感应力量位置理解用户表达，选择位置比较精准，但表达内容不够丰富。

图 4.44　iPad 和平板触摸屏

图 4.45　笔触触摸屏

4. 条形码

条形码是将宽度不等的多个黑条和空白，按照一定的编码规则排列，用以表达一组信息的图形标识符。条形码有一维条码和二维条码两种类型。

(1) 一维条码

一维条码一般有 13 位,由前缀码、制造厂商代码、商品代码和校验码组成。前缀码是用来标识国家或地区的代码,赋码权在国际物品编码协会,如 690~695 代表中国大陆,471 代表中国台湾地区,489 代表中国香港特区;制造厂商代码的赋码权在各个国家或地区的物品编码组织,中国由国家物品编码中心赋予制造厂商代码;商品代码是用来标识商品的代码,赋码权由产品生产企业自己行使,生产企业按照规定条件自己决定使用哪些阿拉伯数字为商品条形码;一维条码的最后一位是校验码,用该校验码来校验前面 12 个数字代码的正确性。

一维条码下面对应的字符由一组阿拉伯数字组成,供人们直接识读或通过键盘向计算机输入数据使用,如图 4.46 所示。

图 4.46 一维条码

(2) 二维条码

二维条码用某种特定的几何图形按一定规律在平面(二维方向)上分布的黑白相间的图形记录数据符号信息,使用若干与二进制相对应的几何形体来表示文字数值信息,通过图像输入设备或光电扫描设备自动识读以实现信息自动处理。很显然,二维条码表示的是高信息密度的数字编码,可以标出商品的生产国、制造厂家、商品名称、生产日期、图书分类号、邮件起止地点、类别、日期、价格等许多信息,因而在商品流通、图书管理、邮政管理、银行系统等许多领域都得到了广泛的应用,如图 4.47 所示。

图 4.47 二维条码

(3) 条形码阅读器

条形码阅读器是指利用光电原理将条形码信息转化为计算机可接收的信息的输入设备,常用于图书馆、医院、书店、超市等。作为快速登记或结算的一种输入手段,条形码阅读器可以直接阅读商品外包装上或印刷品上的条形码信息,并输入联机系统中。其外观如图 4.48 所示。

图 4.48 条形码阅读器

4.4.2 输出设备

1. 显示器

显示器通常也被称为监视器,是人眼通过屏幕看到计算机内容的设备。显示器的尺寸指的是显示器的对角线尺寸,以英寸为单位(1英寸=2.54cm),现在主流的有15英寸、17英寸、19英寸、21.5英寸、22.1英寸、23英寸、24英寸等。

一般将显示器分为 CRT、LCD、PDP、LED、OLED、3D 等多种。

(1) CRT 显示器

CRT 显示器即阴极射线显像管显示器,如图 4.49 所示。由于屏幕尺寸、占用空间等方面的原因,CRT 显示器已经被淘汰。

图 4.49 CRT 显示器

(2) LCD 显示器

LCD 显示器即液晶显示器,如图 4.50 所示。其内部有很多液晶粒子,它们有规律地排列成一定的形状,并且每一面的颜色都不同,分为红色、绿色和蓝色。这三原色能还原成任意的其他颜色,当显示器收到计算机的显示数据时会控制每个液晶粒子转动到不同颜色的面,来组合成不同的颜色和图像。

图 4.50　LCD 显示器

LCD 显示器的优点是机身薄，占地小，辐射小，给人一种健康的形象。LCD 显示器大小及其对应的最大分辨率如表 4.2 所示。

表 4.2　LCD 显示器大小及其对应的最大分辨率

显示器大小	最大分辨率
14 英寸	1 024×768
15 英寸	1 280×1 024
17 英寸	1 600×1 280
21 英寸	1 600×1 280
24 英寸	1 920×1 080（全高清）

（3）PDP 显示器

PDP 显示器即等离子显示器，如图 4.51 所示。其成像原理是在显示屏上排列上千个密封的小的低压气体室，通过电流激发使其发出肉眼看不见的紫外光，紫外光碰击后面玻璃上的红、绿、蓝三色荧光体，从而发出肉眼能看到的可见光，以此成像。PDP 显示器最突出的特点是可做到超薄，可轻易做到 40 英寸以上的完全平面大屏幕，而厚度不到 10cm，可用于有大屏幕需求的用户和家庭影院等方面。

图 4.51　PDP 显示器

（4）LED 显示器

LED 显示器是一种通过控制半导体发光二极管的显示方式，来显示各种信息的显示器。该显示器的每个点用三个发光二极管分别显示红、绿、蓝色（见图 4.52）。由于点很小，看到的就是一个点，这样的多个点组合在一起就形成了 LED 显示器（见图 4.53）。

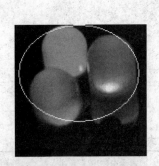

图 4.52　三个发光二极管　　　　　　　　图 4.53　LED 显示器

LED 显示器以其色彩鲜艳、动态范围广、亮度高、寿命长、工作稳定可靠等优点，成为最具优势的新一代显示媒体。目前，LED 显示器已广泛应用于大型广场、商业广告、体育场馆、信息传播、新闻发布、证券交易等，可以满足不同环境的需要。

（5）OLED 显示器

OLED 显示器即有机发光显示器，如图 4.54 所示，由非常薄的有机材料涂层和玻璃基板构成。当有电荷通过时，这些有机材料就会发光。OLED 发光的颜色取决于有机发光层的材料，可改变发光层的材料以得到所需颜色。

图 4.54　OLED 显示器

OLED 显示器具有构造简单、自发光（不需背光源）、对比度高、厚度薄、视角广、反应速度快、可用于挠曲性面板、使用温度范围广等优点。在商业领域，OLED 显示屏可用于 POS 机、ATM 机、复印机、游戏机等；在通信领域可用于手机、移动网络终端等；在计算机领域可大量应用在 PDA、商用 PC 和家用 PC、笔记本电脑上等；在消费类电子产品领域，可用于音响设备、数码相机、便携式 DVD 等；在工业应用领域，可用于仪器仪表等；在交通领域则用在 GPS、飞机仪表上等。

（6）3D 显示器

3D 显示器（见图 4.55）利用所谓的"视差栅栏"，使两只眼睛分别接受不同的图像，来形成立体效果，支持左右分屏式和上下分屏式显示格式。平面显示器要形成立体感的影像，必须至少提供两组相位不同的图像。

图 4.55　3D 显示器

传统的 3D 电影在荧幕上有两组图像（来源于在拍摄时的两台互成角度的摄影机），观众必须戴上偏光镜才能消除重影（让一只眼只接受一组图像），形成视差，产生立体感。现已开发出需佩戴立体眼镜和不需佩戴立体眼镜的两大立体显示技术体系。其中，快门式 3D 技术和不闪式 3D 技术是如今 3D 显示器中最常使用的两种技术。

快门式 3D 技术通过提高画面的快速刷新率（至少要达到 120Hz）来实现 3D 效果。当 3D 信号输入显示设备（如显示器、投影机等）后，120Hz 的图像便以帧序列的形式实现左右帧交替产生，通过红外发射器将这些帧信号传输出去，负责接收信号的 3D 眼镜实现左、右眼观看对应的图像，并且保持与 2D 画面相同的帧数，观众的两只眼睛看到快速切换的不同画面，并且在大脑中产生错觉（摄像机拍不出来这种效果），便观看到立体影像。

不闪式 3D 技术实现的画面是由左眼和右眼各读出 540 条线后，双眼的影像在大脑重合，所以大脑所认知的影像是 1 080 条线。因此可以确定不闪式为全高清。

2. 打印机

打印机是计算机的输出设备之一，用于将计算机处理结果打印在相关介质上。衡量打印机好坏的主要指标有三个：打印分辨率、打印速度和噪声。打印机的种类很多，按工作方式分为针式打印机、激光打印机、喷墨式打印机等。针式打印机通过打印头和纸张的物理接触来打印字符图形，而后两种通过喷射墨粉来印刷字符图形。

（1）针式打印机

针式打印机通过打印头中的 24 根针击打复写纸，从而形成字符图形。在使用时，可以根据需求来选择多联纸张，一般常用的多联纸有两联、三联和四联纸，还有不常用的六联纸。如图 4.56 所示为针式打印机及其墨盒。

图 4.56　针式打印机及其墨盒

对于医院、银行、邮局、彩票、保险、餐饮等行业用户来说,针式打印机是必备产品之一,因为只有通过针式打印机才能快速地完成各项单据的复写,为用户提供高效的服务,并给自己存底。

(2) 激光打印机

激光打印机是将激光扫描技术和电子照相技术相结合的打印输出设备。其基本工作原理是将计算机传来的二进制数据信息,通过视频控制器转换成视频信号,再由视频接口/控制系统把视频信号转换为激光驱动信号,然后由激光扫描系统产生载有字符信息的激光束,最后由电子照相系统使激光束成像并转印到纸上。相比其他打印设备,激光打印机有打印速度快、成像质量高等优点,但使用成本相对高昂。如图 4.57 所示为激光打印机及其硒鼓。

图 4.57 激光打印机及其硒鼓

激光打印机的指标很多,最主要的指标如下。

打印速度:打印机每分钟可输出多少页,通常用 ppm 作为单位,例如,30ppm 表示每分钟输出 30 页。

打印分辨率:每英寸所打印的点数,单位是 dpi。普通打印机的分辨率为 600dpi×600dpi、1 200dpi×1 200dpi,专业用的就更高。打印分辨率越高,图像输出效果就越逼真。

打印幅面:主要分为 A3 和 A4 两种打印幅面。

激光打印机分为黑白激光打印机和彩色激光打印机两种。

彩色激光打印机在黑白激光打印机的黑色墨粉的基础上增加了黄、品红、青三色墨粉,并依靠硒鼓感光四次,分别将各色墨粉转移到转印硒鼓上,转印硒鼓再将图形转印到打印纸上面,达到输出彩色图形的效果。如图 4.58 所示为彩色激光打印机及其工作原理。

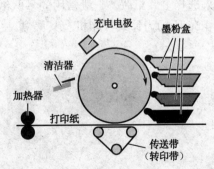

图 4.58 彩色激光打印机及其工作原理

(3) 喷墨式打印机

喷墨式打印机使用大量的喷嘴将墨点喷射到纸张上,如图 4.59 所示。喷墨打印机如果单从打印幅面上分,可大致分为 A4 喷墨打印机、A3 喷墨打印机和 A2 喷墨打印机;如果从用途上分,则可分为普通喷墨打印机、数码相片打印机和便携移动式喷墨打印机。如图 4.60 所示为彩色喷墨打印机及其墨盒。

图 4.59　喷墨打印机工作原理

图 4.60　彩色喷墨打印机及其墨盒

喷墨打印机最主要的指标如下。

打印机的分辨率:打印机在每英寸所能打印的点数,即打印精度(dpi),这是衡量打印质量的一个重要标准,也是判断打印机分辨率的一个基本指标。一般用户使用的打印机的分辨率应至少在 300～720dpi 之间,但 dpi 指标不是越大越好。

ppm:一分钟所能打印的页数。不过,对于打印速度的表现,一样要以眼见为实。必须指出,影响打印速度的因素很多,如打印精度、喷嘴的喷射频率、打印算法、是否应用智能墨滴变换技术、走纸速度等。

打印幅面:不同用途的打印机所能处理的打印幅面是不尽相同的,不过正常情况下,打印机可以处理的打印幅面主要包括 A4 幅面和 B5 幅面这两种。但也有一些特殊幅面,比方说在处理数码影像打印任务时,有可能使用到 A6 幅面的打印机。

字体： 内置字体是衡量喷墨打印机的一个重要指标，如果给喷墨打印机增设内置字体将会减少从计算机到打印机之间的数据传输量，提高打印效率。在不使用打印机内置字体的情况下，打印机要用"点阵法"或"曲线法"来描述字符，这需要计算机传输几十或上百个字节的数据。如果使用打印机内置字体来处理字符，计算机只要把字符的国标编码传给打印机即可，数据传输量只有几个字节。使用打印机内置字体有许多优点，唯一的问题是价格，所以绝大多数喷墨打印机都把内置字体作为一种可选配置。

第 5 章 操 作 系 统

操作系统是计算机必须安装的系统软件,也是整个软件系统的核心。

5.1 操作系统及其启动

5.1.1 操作系统介绍

人们把只有硬件而没有安装操作系统的计算机称为裸机,在裸机上,用户没有办法进行任何操作,操作系统充当用户、应用程序和计算机之间的接口。也就是说,用户只有通过操作系统才能使用计算机;应用程序只有通过操作系统才能操作计算机。**操作系统的主要功能**包括文件管理、存储管理、处理器管理、设备管理和作业管理。

当安装了操作系统之后,实际呈现在应用程序和用户面前的是一台"虚计算机",如图 5.1 所示。

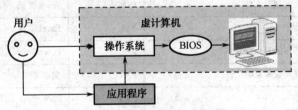

图 5.1 操作系统的作用和地位

5.1.2 操作系统(计算机)的启动

开机过程就是启动操作系统的过程,如图 5.2 所示。
① 计算机通电后,主板上的 BIOS 测试计算机基本部分是否正常运行。
② 把启动盘(一般是硬盘)操作系统引导程序调入内存。
③ 运行操作系统引导程序。
④ 把操作系统调入内存。
⑤ 运行操作系统。

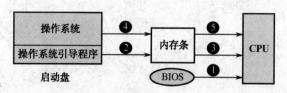

图 5.2 操作系统启动过程

5.2 文件管理

5.2.1 文件

1. 文件和文件名

文件：按一定格式存储在外存储器上的信息集合，是操作系统管理信息的单位。

文件名：分为主文件名和扩展名。

主文件名：由不少于一个的 ASCII 码字符组成，可以包含英文字母（不区分大小写）、汉字、数字和一些特殊符号。系统保留的字符不能作为文件名，如\ /*:"<>?|等。

扩展名：也称为后缀或类型名，左侧必须用圆点"."与主文件名隔开。扩展名用于指定文件的类型。系统给定的扩展名不能随意改动，否则系统将不能识别。常见的操作系统约定的扩展名如表 5.1 所示。

表 5.1 常见的操作系统约定的扩展名

扩展名	文件类型	扩展名	文件类型
COM	可自定位的执行文件	DOC	Word 文档文件
EXE	可执行程序文件	XSL	Excel 文件
OBJ	系统编译后的目标文件	PPT	PowerPoint 文件
SYS	系统配置和设备驱动文件	TXT	文本文件
HLP	帮助文件	PSD	Photoshop 文件
CPP	C++程序的源文件	GIF	图像文件
C	C 程序的源文件	HTM	网页文件
WAV	声音文件	JPG	压缩图像文件

警告：如果将文件名"第 5 章 操作系统-简.doc"改成"第 5 章 操作系统-简.woc"，双击该文件名，就不能自动打开该文件。但在打开 Word 后，在 Word 中可以打开该文件。

2. 文件的组成及其属性

文件由两个部分组成，如图 5.3 所示。

文件说明信息：包括文件名、文件类型、存放位置、大小、创建/修改/最近访问时间、创建者、文件属性等，保存在文件的目录中。Windows 允许一个文件兼有多种属性，如表 5.2 所示。

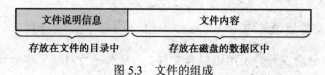

图 5.3　文件的组成

表 5.2　文件属性

属　　性	表示的性质
系统文件	操作系统本身所包含的文件，删除时，系统会给出警告。一般不显示在文件列表中
隐藏文件	一般不显示在文件列表中
只读文件	只能读不能改；若修改，系统会给出警告
存档文件	新建或修改文件后，系统自动将其设置为存档文件。备份软件会因此对之备份
压缩文件	对数据进行压缩，因而节省存储空间
加密文件	经过加密处理，对外保密
编制索引	有利于快速检索该文件

文件内容：全部保存在磁盘的数据区中。

【例 5.1】　设置"第 5 章 操作系统-简.doc"文件，使其内容不能被修改。

选中"第 5 章 操作系统-简.doc"文件，单击鼠标右键，在弹出的快捷菜单中选择"属性"命令，系统显示文件属性对话框，设置属性为"只读"，如图 5.4 所示。

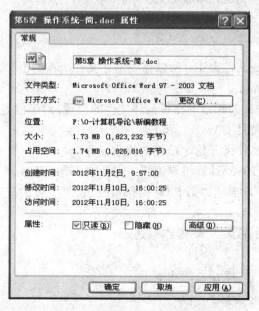

图 5.4　设置文件属性对话框

5.2.2 文件目录和路径

1. 文件夹和文件目录结构

文件夹中可以包含文件,还可以包含文件夹,称为子文件夹,子文件夹中还可以包含文件和文件夹。这样就形成了一种树状的多层次文件目录结构,如图 5.5 所示。

图 5.5　Windows XP 中的树状文件目录结构

2. 文件路径

文件可能包含在各级文件夹中,所以需要描述文件所在的位置,即文件路径。文件路径分为绝对路径和相对路径。

绝对路径: 以根文件夹为起点的路径描述文件的位置。对于硬盘分成的三个逻辑盘 C、D 和 E 而言,根文件夹就是 C:\、D:\ 和 E:\。

相对路径: 从当前文件夹开始,描述文件的位置。

【例 5.2】　在"E:\2010\计算机导论课"文件夹下有"第 5 章 操作系统.doc"文件,当前文件夹为"E:\2010",描述"第 5 章 操作系统.doc"文件的位置。

文件绝对路径:
E:\2010\计算机导论课\第 5 章 操作系统.doc
文件相对路径:
\计算机导论课\第 5 章 操作系统.doc

3. 文件夹的属性

文件夹也可以设置属性,设置和显示方法与文件相同。

5.2.3 文件管理系统

操作系统通过文件管理系统管理文件夹和文件。

硬盘采用 FAT16、FAT32 和 NTFS 文件管理系统；CD-ROM 采用 CDFS 文件管理系统；DVD 采用 UDF 文件管理系统。

1. FAT 文件系统

磁道： 在每个磁盘面上划分的数目相等的同心圆。也就是说，围绕盘片一圈就是一个磁道。

扇区： 一个磁道中的弧段。一般一个扇区可存放 512B 的数据。

簇： 存储文件所分配空间的基本单位。簇由一个或若干磁盘扇区组成，每一个簇都有一个编号，称为簇号。一个文件再小，起码也要分配一个簇。一个簇的大小与当前计算机的磁盘容量有关。

【例 5.3】 查看计算机的一个簇占用的空间。

用记事本创建文件，在文件中输入字符"A 汉"，保存文件，如图 5.6 所示。选择该文件，单击鼠标右键，在弹出的快捷菜单中选择"属性"命令，打开的文件属性对话框中就会显示文件属性，如图 5.7 所示。

图 5.6 记事本文件

图 5.7 文件属性对话框

图 5.7 中，文件大小为 3 字节（一个 ASCII 码字符和一个汉字），但占用空间为 4KB（字节），所以一个簇占用的空间为 4KB。

硬盘分区： 在硬盘格式化时，硬盘被划分为引导区、文件分配表 FAT（两份，其中一份为备份）、文件目录表 FDT（根目录表）和数据区等部分。

根目录表： 用来记录磁盘根目录下每个文件（或文件夹）的说明信息，以及用于存储该文件（或文件夹）数据的起始簇号。

文件分配表（FAT）： 用来记录数据区的分配情况，每个簇一栏，记录着该簇的状态信息：已使用、空闲或损坏。

在磁盘的数据区中存储某个文件时，分配给它的若干簇在 FAT 表中表示成一个数字链，其中起始簇号在根目录表中指出，其余簇号存放在 FAT 表中，每个簇的状态值是该文件的下一个簇的簇号，若为最后一个簇，用"-1"表示。

【例 5.4】 分析 EX1.DOC 文件和 MyEx21.XSL 文件内容的存放情况。

文件名为 EX1.DOC 的文件的内容存放在"8→16→1→10→21"共 5 个簇中。

文件名为 MyEx21.XSL 的文件的内容存放在"31→29→24→17"共 4 个簇中。

具体存放情况如图 5.8 所示。

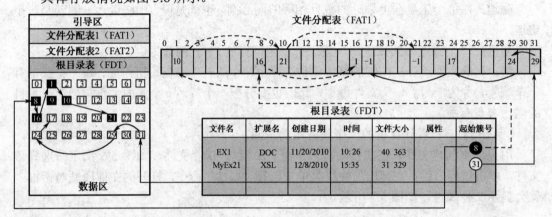

图 5.8　硬盘空间的分配和 FAT 的作用

2. NTFS 文件系统

特点：NTFS 文件系统提供长文件名、数据保护和恢复，并通过目录和文件许可实现安全性和可靠性。NTFS 支持大硬盘和在多个硬盘上存储文件（称为跨越分区）。

不兼容：由于 NTFS 和 FAT 有很多不同，从 DOS 或其他操作系统上不能直接访问 NTFS 分区上的文件。

文件管理系统的主要功能如下。

① **分配空间**：为创建文件分配空间、为删除文件回收空间、管理空闲空间。

② **文件操作**：向用户提供创建文件、删除文件、读/写文件、打开和关闭文件等功能。

③ **查存**：文件的存储、检索等操作。

④ **保证安全**：有效地防止文件被偷窃和破坏，如使用用户权限表、密码等手段。

5.3　存　储　管　理

在计算机中，程序需要在内存中才能运行；在多任务环境下，许多程序需要同时运行，由于计算机的内存容量有限，内存往往不够用；另外，有些数据程序之间需要共享。操作系统通过存储管理解决这些问题。

存储管理包括内存的分配、回收、共享、扩充等。下面介绍其中两个。

1. 内存的分配

（1）连续分区存储管理

操作系统（如 Windows XP、Windows 7、Windows 8 等）启动后就会常驻在内存中，此后用户启动的其他各种程序（如 Word、Excel、IE 等）也都占用内存，用户只有关闭某个程序，该程序占用的内存才会被释放，如图 5.9 所示。

（2）覆盖技术

用户启动的程序可能很大，但并不需要全部调入内存。

例如，类似 Word 这样的程序，其功能很强，一个功能可用一个程序模块实现，但这些功能不可能同时执行。这里假设包含四个程序模块（A、B、C、D），其中 A 为总控和基本处理程序，在用户启动 Word 程序时，该功能被执行；B 是表格处理模块；C 是图形处理模块；D 是图像处理模块。在需要使用该功能时，A 调用相应模块的程序。其关系如图 5.10 所示。

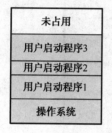
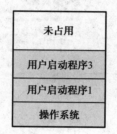

图 5.9　内存空间分配

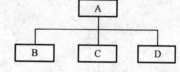

图 5.10　四个程序模块的关系

内存中除了操作系统和程序模块 A 外，仅仅需要保留当前正在使用的程序模块，如图 5.11 所示。

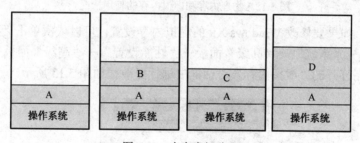

图 5.11　内存空间分配

2. 内存的"扩充"

要使多个程序同时运行，必须有足够大的内存才能实现，而内存总是有限的。虚拟存储技术可以在不增加物理内存的前提下"扩充"内存空间。

（1）虚拟存储技术

思路：把外存（一般是硬盘）和内存结合起来管理，为用户提供一个容量比实际内存大得多的虚拟存储器。

工作过程：在程序执行过程中，只将当前要执行的一部分程序和数据装入内存，其余页面放在硬盘提供的虚拟内存中。

如果需要执行的程序（数据）不在当前内存中，则将暂时不用的程序（数据）从内存调到外存的虚拟内存中，再将需要马上使用的程序（数据）从外存的虚拟存储器调入内存，然后继续执行程序。

（2）虚拟存储器的设置和显示

存在形式：在 Windows 操作系统中，以虚拟存储器"交换文件"（pagefile.sys）形式存在，位于系统盘的根目录下。

容量查看：用户可以依次单击"附件"→"系统工具"→"系统信息"命令，在打开的"系统信息"窗口中查看物理内存和虚拟内存的使用情况，如图 5.12 所示。

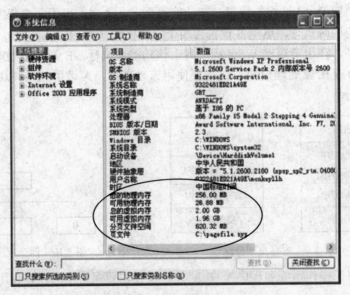

图 5.12 物理内存和虚拟内存的使用情况

容量修改：如果要修改 Windows XP 的虚拟内存设置，可以依次单击"控制面板"→"性能和维护"→"系统"→"高级"面板→"性能设置"→"高级"面板→"虚拟内存更改"命令，在打开的"虚拟内存"对话框中进行更改，如图 5.13 所示。

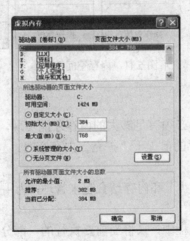

图 5.13 虚拟内存设置对话框

5.4 处理器管理

现代操作系统本身就是由许许多多的程序组成的,用户又可以同时运行多个程序,而普通计算机的 CPU 只有一个。也就是说,任何时候,CPU 只能执行一个程序,这就需要对处理器进行管理,而进程是其管理的基本单位。

程序的一次执行就是一个进程。例如,如果在硬盘上安装了 Word,这仅仅是 Word 程序。启动 Word 程序,内存中就会产生 Word 进程,再启动 PowerPoint 程序,就会再产生 PowerPoint 进程。

如图 5.14 所示的就是任务管理器的"应用程序"和"进程"。其中,图 5.14(a)是用户启动的,图 5.14(b)是当前包括操作系统和用户启动的在内的所有进程。

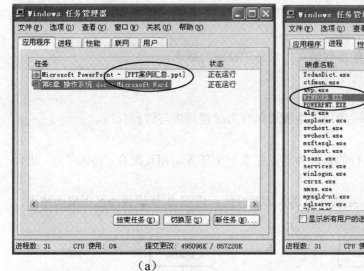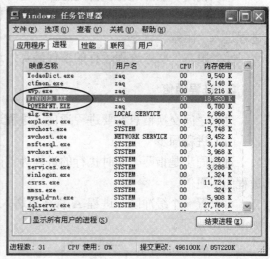

图 5.14 任务管理器的"应用程序"和"进程"

特别注意: 如果启动 Word 程序后,没有关闭前又启动一次 Word,那么就会再产生一个 Word 进程(共两个 Word 进程)。

1. 进程控制和进程调度

(1)进程控制

进程控制的基本功能是创建进程和撤销进程。启动程序后,通过"创建进程",将程序变成进程;关闭程序时,通过"撤销进程",将进程撤销,释放资源。

(2)进程调度

进程会存在多个状态,包括就绪、运行和阻塞状态。通过进程调度,可以使进程改变状态,如图 5.15 所示。

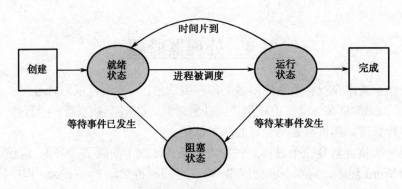

图 5.15 进程的状态转换

① 程序运行,进程进入"就绪"状态。
② "就绪"状态进程获得处理器,进入"运行"状态。
③ "运行"状态进程的运行时间片到,进入"就绪"状态;继续运行的条件不满足,进程进入"阻塞"状态。
④ "阻塞"状态进程运行的条件满足,进入"就绪"状态。

2. 进程通信

进程之间交换信息需要进程通信。进程通信分为进程同步与进程互斥。

(1) 进程同步

进程同步是指两个同时执行的进程为共同完成一个任务而相互配合、协同动作,进行进程间的通信。

可设置一个缓冲区,进程 A 将结果送入该缓冲区;进程 B 从该缓冲区中取出结果,如图 5.16 所示。

图 5.16 进程 A 和进程 B 同步

【例 5.5】 PowerPoint 演示文稿需要复制 Word 文件中的部分内容。

先将 Word 内容复制到 Windows 剪贴板,在 PowerPoint 中粘贴剪贴板中的内容,如图 5.17 所示。

这里,剪贴板就是这两个进程的通信缓冲器。

(2) 进程互斥

进程互斥是指两个同时执行的进程 A 和 B 在同一时刻要求共享同一资源而相互排斥。操作系统只让其中一个进程(如 A)先使用该资源,并让进程 B 处于"阻塞"状态。一旦进程 A 使用完并释放该资源,就立即"唤醒"进程 B,并使进程 B 使用该资源。

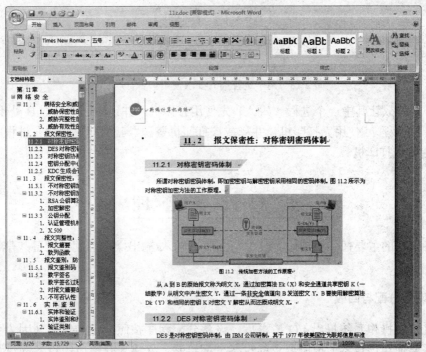

（a）在 Word 中复制内容

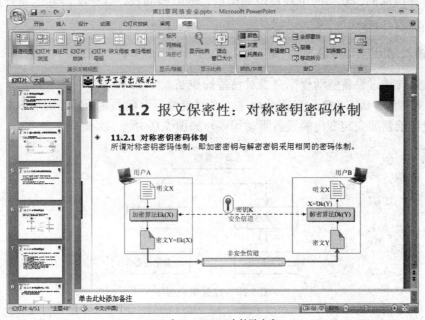

（b）在 PowerPoint 中粘贴内容

图 5.17　剪贴板的使用

【例 5.6】　设有进程 A 和进程 B，在某一时刻同时要求使用一台打印机，而打印机是一种一次只能让一个进程使用的资源。显然，进程 A 和 B 对于使用该台打印机是互斥的，如图 5.18 所示。

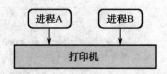

图 5.18 两个进程同时要求使用一台打印机

操作系统只让其中一个进程（如 A）先使用打印机，并让另一个进程 B 处于"阻塞"状态。一旦进程 A 使用完打印机，并释放该打印机资源，就立即"唤醒"进程 B，并使进程 B 使用该打印机。

5.5 设备管理

设备管理的主要任务包括设备分配与回收、输入/输出操作控制、设备共享、虚拟设备等。

1. 设备分配与回收

当进程向操作系统提出 I/O 请求后，设备分配程序按照一定的策略（因为可能有多个进程需要使用该设备）把所要求的设备分配给它，并将未获得所需设备的进程放进相应设备的等待队列。获得的进程使用完毕后，应立即回收，并分配给其他需要此设备的进程。

2. 输入/输出操作控制

操作系统通过设备驱动程序完成对设备的控制。

BIOS 中包含基本 I/O 设备驱动程序，实现键盘、鼠标、显示器等的基本功能；使用非常用设备前需要安装专门的设备驱动程序，如图 5.19 所示。

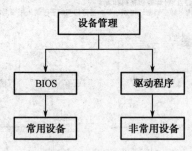

图 5.19 设备驱动程序

3. 设备共享

本机上的设备如果需要网络内多人共同使用，可以将该设备设置为共享。文件夹可以作为设备设置共享。

【例 5.7】 将本机连接的打印机设置为共享，同时设置一个目录为共享。

① 将本机（计算机名为 ZAQ-DELL）连接的打印机设置为共享。

在"控制面板"中找到本机连接的打印机图标，单击鼠标右键，在弹出的快捷菜单中选择"共享"命令，在弹出的属性对话框中选中"共享这台打印机"单选项（这里取共享名为"hpLaserJ"），单击"确定"按钮，原打印机图标加了托手，表示该设备已设置为共享。

② 设置一个目录为共享。

选择 F:\4Book 文件夹，单击鼠标右键，在弹出的快捷菜单中选择"共享和安全"命令，在弹出的属性对话框中选中"在网络上共享这个文件夹"复选框（这里取共享名为"4Book-实用教程"），单击"确定"按钮，原文件夹图标加了托手，表示该文件夹已设置为共享。

③ 在局域网的另外一台计算机（此例用的计算机为 Windows 7 系统）上双击"网络"图标，打开如图 5.20 所示的网络窗口。打开"ZAQ-DELL"，系统显示两个共享资源："hpLaserJ"和"4Book-实用教程"，如图 5.21 所示。

图 5.20 网络窗口

图 5.21 共享资源

另外，如果是网络打印机，可以直接连接到网络上，在网络上即可共享该设备。

4. 虚拟设备

可使用虚拟光驱软件,将硬盘虚拟成光驱,如图 5.22 所示。

图 5.22 利用虚拟光驱加载光盘镜像文件

这样,原来需要在光驱中进行的操作,在硬盘中就可进行了。

第 6 章 软件开发

6.1 从机器语言到高级语言

程序是计算机完成某个任务的一系列操作步骤。为了让计算机解决实际问题，必须事先用计算机语言编制好程序。编制程序时可以使用机器语言、汇编语言和高级语言。

1. 机器语言

因为机器指令是二进制代码，所以用机器语言编写程序就是要编出由一条条二进制代码组成的程序。显然，用机器语言编写程序十分烦琐。为了克服机器语言的缺点，人们发明了汇编语言。

2. 汇编语言

汇编语言是在机器语言的基础上符号化而成的，即采用英文单词或缩写表示的"助记符"来代表机器指令。

【例6.1】 编写机器语言程序，实现利用简单计算机进行整数 x 和 y 的相加。

数据 x 存放内存地址：6AH
数据 y 存放内存地址：6BH
相加结果存放内存地址：6CH
程序存放内存开始地址：00H

机器语言程序和相应的汇编语言程序如表 6.1 所示。

表 6.1 机器语言程序和汇编语言程序

机器语言程序	汇编语言程序	程序说明
00:106A	load r0, 6ah	$R_0 \leftarrow (6AH)$
02:116B	load r1, 6bh	$R_1 \leftarrow (6BH)$
04:51	add r0,	$R_0 \leftarrow R_0 + R_1$
05:26C0	stor 6ch, r0	$6CH \leftarrow R_0$
07:00	halt	停止程序的执行

由于计算机只能识别机器语言,因此需要将汇编语言程序翻译成机器语言程序(目标程序)才能执行,如图 6.1 所示。

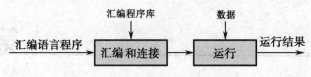

图 6.1　汇编语言程序的执行过程

3. 高级语言

编写汇编语言程序仍然需要熟悉助记符,仍然烦琐。

为了克服汇编语言的缺陷,提高编写和维护程序的效率,一种接近于普通的数学语言和自然语言(主要指英语)的程序设计语言应运而生了,这就是高级语言。

用高级语言编写的程序称为"源程序"。目前比较流行的高级语言有 C、C++、Java、C#等。

【例 6.1 续】　用 C 语言实现计算整数 x 和 y 的和。

C 语言程序如下:

```
#include <stdio.h>
void main( )
{
    unsigned int   s, x,y;              //声明存放 x,y; 结果存放 s
    printf("x,y=");                     //显示输入提示信息 "x,y="
    scanf("%d,%d",&x ,&y);              //输入 x,y 值到变量中
    s=x+y;                              //计算和放到 s 变量中
    printf("x+y=%d\n", s);              //在屏幕上输出计算结果
}
```

说明: 可能有人会说,用 C 语言计算 x 和 y 的和的程序好像并没有这么简单。那你就错了。因为上面的机器语言和汇编语言都假设了 x 和 y 已经存放到内存中,运算的结果也仅仅存放在内存中,并没有显示出来。如果要完成这个功能,运用机器语言和汇编语言将需要很多程序,而且相当复杂。

实际上,为了完成上述汇编语言功能,C 语言仅仅用了一条语句:

```
s=x+y;
```

对于编程者来说不但简单,而且看上去非常直观。

由于计算机只能执行机器语言程序,因此用高级语言编写的"源程序"也必须翻译(又称编译)成机器语言程序,计算机才能执行,如图 6.2 所示。

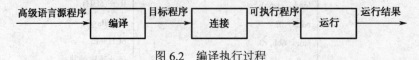

图 6.2　编译执行过程

6.2 高级语言程序设计

程序是对解决问题的步骤的描述。编写程序的前提是已经知道如何解决这个问题,例如求一元二次方程 $ax^2+bx+c=0$ 的实数根。如果没有中学数学的知识,当然就不知道如何解决这个问题,编写解决这个问题的程序也就无从谈起。

6.2.1 算法

算法就是解决问题的方法。将算法描述出来,别人才能知道你的方法,自己据此编写程序才比较容易。

描述算法有很多种方法,例如用文字写出来,用流程图表达等。

1. 算法的文字描述

【例 6.2】 求一元二次方程 $ax^2+bx+c=0$(设 $a \neq 0$)的实数根。

算法描述如下:

第 1 步:输入系数 a,b,c。

第 2 步:计算 $d=b^2-4ac$。

第 3 步:若 d≥0,计算 $x1=\dfrac{-b+\sqrt{d}}{2a}$,$x2=\dfrac{-b-\sqrt{d}}{2a}$,输出两个实数根为 x1 和 x2,转第 5 步;否则转第 4 步。

第 4 步:输出"没有实数根"。

第 5 步:结束。

如果算法比较复杂,用文字描述算法就不那么方便了,人们想出了多种办法,其中流程图就是比较常用的一种。

2. 算法的流程图描述

流程图又称框图,它用标准的图形元素来描述算法步骤,结构一目了然。组成流程图的常用图形如表 6.2 所示。

表 6.2 组成流程图的常用图形

图　形	说　明
◯	开始或结束
▱	输入或输出
◇	判断
▭	计算或处理
→	流向

【例 6.2 续】 用流程图描述"求一元二次方程 $ax^2+bx+c=0$ 的实数根"的算法。流程图如图 6.3 所示。

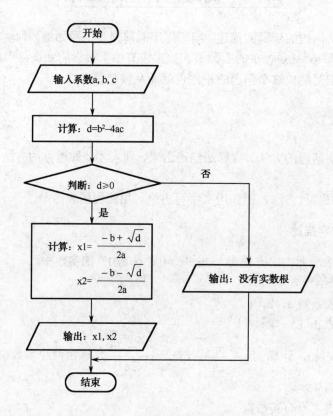

图 6.3 求一元二次方程实数根的流程图

6.2.2 程序设计

1. 根据算法描述编写程序

编写程序时首先选择高级语言,然后根据算法变成实现的语句。不管哪一种高级语言,对应算法描述,一般都需要下列语句。

① 输入语句。例如,对于 C 语言为 scanf,get 语句等。
② 计算语句。例如,对于 C 语言为表达式和赋值语句等。
③ 判断和转向语句。例如,对于 C 语言为 if,goto 语句等。
④ 输出语句。例如,对于 C 语言为 printf,put 语句等。
⑤ 循环语句。例如,对于 C 语言为 while,for,do 语句等。

【例 6.2 续】 用 C 语言实现"求一元二次方程 $ax^2+bx+c=0$ 的实数根"。设系数 a,b,c 为整数。

根据"求一元二次方程 $ax^2+bx+c=0$ 的实数根"流程图,编写 C 语言程序如下:

```c
#include <stdio.h>
#include <math.h>
void main()
{
    int     a,b,c;                              //分配内存存放方程系数
    int     d;                                  //分配内存存放Δ
    float   x1, x2;                             //分配内存存放方程根
    printf("a,b,c=");                           //提示输入内容
    scanf("%d,%d,%d", &a, &b, &c);              //输入方程系数到 a,b,c 中
    d=b*b-4*a*c;                                //计算Δ放到 d 中
    if (d>=0)                                   //判断Δ是否大于等于 0
    {
        x1=(-b+sqrt(d))/(2*a);                  //计算 x1
        x2=(-b-sqrt(d))/(2*a);                  //计算 x2
        printf("x1=%f, x2=%f\n", x1, x2);       //输出方程根 x1,x2
    } else
        printf("no root!\n");                   //Δ小于 0,输出无根信息
}
```

2. 在集成开发环境中开发应用程序

集成开发环境(IDE)是用于方便用户进行高级语言程序开发的软件,用户对程序的输入和修改、编译、连接和运行均可在 IDE 中完成。

对于 C 语言,目前比较流行的集成开发环境有 Visual C++ 6.0、Visual Studio 2010 等。

【例 6.2 续】 在 Visual C++ 6.0 集成开发环境中开发"求一元二次方程 $ax^2+bx+c=0$ 的实数根"程序。

在 Visual C++ 6.0 集成开发环境中设计的程序如图 6.4 所示。

(1)编写程序

单击"新建文本文件"按钮,输入程序,保存为"ex4_ax2.c"文件。

(2)编译、连接

单击"编译"按钮,编译"ex4_ax2.c"源程序文件为机器语言文件;单击"连接"按钮,对编译形成的文件进行"连接",形成可执行的文件。

(3)运行

单击"运行"按钮,运行可执行文件。运行结果如图 6.5 所示。

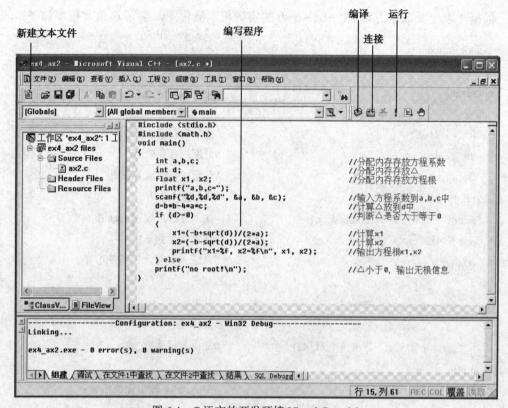

图 6.4　C 语言的开发环境 Visual C++ 6.0

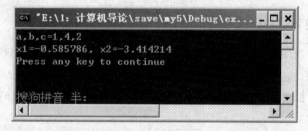

图 6.5　运行结果

6.3　程序设计方法

在程序设计中，解决问题的方法可以分成结构化程序设计和面向对象程序设计。

6.3.1　结构化程序设计

1. 思路

结构化程序设计的方法是以模块化设计为中心，将待开发的软件系统划分为若干个相互独立的模块。模块可以层层分解，直到每个模块的具体实现算法清晰。

【例6.3】 画出学生成绩管理系统的结构。

采用结构化程序设计方法,对学生成绩管理系统的功能进行分解,如图6.6所示。

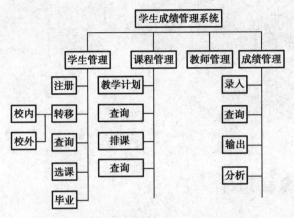

图6.6 学生成绩管理系统的功能

2. 模块功能实现

每个模块只通过对顺序、分支、循环等基本程序结构进行组合嵌套来编写,如图6.7所示。所以每个高级语言中都肯定包含这三种结构。

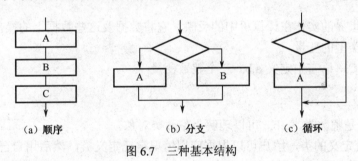

图6.7 三种基本结构

3. 模块之间的连接

不同高级语言实现模块的方法可能有些不同,有些称为函数,有些称为子程序。

例如,C语言完成某功能采用三个模块,现在分别编写三个函数func1、func2和func3,在主函数中先后调用它们。

```c
int main()
{   …
    func1( );
    func2( );
    func3( );
}
void  func1( )
{
```

```
        …
    };
    void   func2( )
    {
        …
    };
    void   func3( )
    {
        …
    };
```

6.3.2 面向对象程序设计

面向对象程序设计认为计算机程序是由对象组合而成的。每个对象都能够接收信息、处理数据和向其他对象发送信息。由于 C 语言较早,没有面向对象程序设计功能,而 C++、Java、C#等均可进行面向对象程序设计。

下面简单介绍面向对象程序设计的部分概念。

1. 类和对象

类是现实世界的实体在计算机中的反映,它将数据及这些数据上的操作封装在一起。对象是具有类类型的变量。

例如,在 C++语言中定义 a,b,c 三个整数变量:

```
int a,b,c;
```

这里,int 是整数类,a,b,c 可以理解为整数类对象。

int 是系统定义的类,用户可以根据应用情况自己定义类,然后用自己定义的类创建对象。例如,用户可以创建汽车、学生、学校、房子、蔬菜、三角形等类。

2. 属性、方法和事件

类具有属性、方法和事件。类的属性描述类的行为和特征,方法描述类的操作,事件描述类的触发。

例如,对于"汽车"类,它的型号、发动机排量、外观尺寸、颜色等就是它的属性;启动、行车、倒车、刹车、停车等就是汽车类的方法;行车中遇到的突然情况就是事件。

又如,定义一个三角形类,它的属性包括边长、周长、面积等;它的方法包括计算周长、计算面积等。

【例 6.4】 用面向对象程序设计计算三角形的周长和面积。

```
class ABC                              //定义三角形类 ABC
{
    int a,b,c;                         //定义存放三角形三条边属性的变量
```

```
            int len;                     //定义存放三角形周长属性的变量
            float area;                  //定义存放三角形面积属性的变量
            void ABC( int x, int y,int z)  //定义三角形属性初始化方法
            {      a=x; b=y; c=z;   }
            void   CalLen( )             //定义计算三角形周长的方法
            {    len=a+b+c; }
            void   CalArea( )            //定义计算三角形面积的方法
            {    area=…;      }
    }
    int main( )
    {
        int     x,y,z;
        ABC    abc1;                     //定义一个三角形对象 abc1
        scanf(&x,&y,&z);
        abc1(x,y,z);                     //三角形对象 abc1 初始化
        abc1.CalLen();                   //计算三角形对象 abc1 的周长
        abc1.CalArea();                  //计算三角形对象 abc1 的面积
        printf("周长=%d",abc1.len);      //显示三角形对象 abc1 的周长
        printf("面积=%d",abc1.area);     //显示三角形对象 abc1 的面积
    }
```

6.4 程序设计可视化

实际上，例 6.2 所用的方法是集成开发环境提供的单纯为了学习编程语言的方法，在 Visual C++ 6.0 中选择 "Win32 Console Application" 工程（Project）即可。在实际解决问题时没有人采用这种方法，因为 Windows 是图形界面的操作系统，所以集成开发环境提供的是可视化程序设计方案。

1. 可视化程序设计

在可视化程序设计环境下，设计者先创建一个窗口，在这个窗口上拉一拉系统提供的控件，然后根据自己的需要进行一些设置，编写计算和处理程序即可。

Visual Studio 2010 集成开发环境是目前最流行的可视化程序设计平台，其包含的 C# 语言是目前最为流行的程序设计语言。

【例 6.5】 在 Visual Studio 2010 集成开发环境中开发"求一元二次方程 $ax^2+bx+c=0$ 的实数根"程序。

（1）设计界面

在 Visual Studio 2010 集成开发环境下设计界面，如图 6.8 所示。

这里采用系统提供的以下几类公共控件。

文本类控件五个：存放方程系数 a,b,c 和方程根 x1,x2。

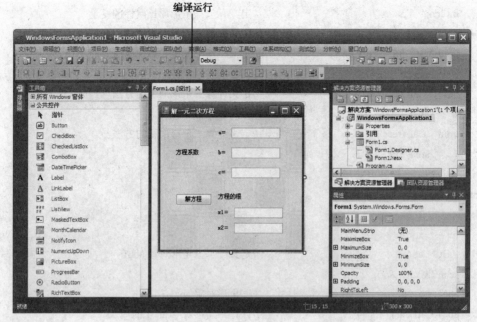

图 6.8　Visual Studio 2010 集成开发环境

标签类控件七个：用于提示信息，如"a="。
命令按钮类控件一个：用于实现"解方程"计算的功能。
（2）编写代码
在"解方程"按钮单击事件中编写下列代码：

```
//…系统生成的代码
    private void button1_Click(object sender, EventArgs e)
    {
        //输入方程系数到 a,b,c 中
        int a = int.Parse(tBx_a.Text);
        int b = int.Parse(tBx_b.Text);
        int c = int.Parse(tBx_c.Text);
        int d = b * b - 4 * a * c;                    //计算 Δ 放到 d 中
        if(d>=0)                                      //判断 Δ 是否大于等于 0
        {
            double x1 = (-b + Math.Sqrt(d)) / (2 * a);    //计算 x1
            double x2 = (-b - Math.Sqrt(d)) / (2 * a);    //计算 x2
            lbl_result.Text = "方程的根";
            tBx_x1.Text=x1.ToString();                //输出 x1
            tBx_x2.Text=x2.ToString();                //输出 x2
        }
        else
        {
```

```
            lbl_result.Text = "方程没有实根";           //Δ 小于 0，输出无根信息
        }
    }
//…系统生成的代码
```

程序是按照如下步骤进行设计的。
① 先将从方程的系数对应的文本框中取得的系数放到 a,b,c 变量中。
② 对变量进行运算，先将运算的结果放到方程根变量 x1,x2 中。
③ 方程根变量中的内容放到显示方程根的文本框中。
（3）运行程序

单击开发环境中的"编译运行"按钮，系统显示"求一元二次方程 ax^2 +bx +c =0 的实数根"界面（"解一元二次方程"窗口），先输入方程系数，然后单击"解方程"按钮，系统执行"解方程"按钮的单击事件程序。显示结果如图 6.9 所示。

图 6.9 显示结果

2．可视化编程中的面向对象程序设计

在 Visual Studio 2010 集成开发环境中，系统提供的公共控件可以认为是系统提供的类，将其拉到设计界面上就变成了对象。

（1）系统提供的类和使用的对象

在如图 6.8 所示的开发环境中用到了系统的文本框类，五个文本框对象分别存放三个方程系数和两个方程根，还用到了系统的标签类和命令按钮类，即七个标签对象和一个命令按钮对象。

（2）控件类的属性

文本框控件类的属性很多，包括文本框名称、文本内容、宽度、高度、起始位置、颜色、字体、字号、显示是否保密、内容是否只读等。拉到界面上的每个文本框对象，都可以设置其属性。例如，只要每个文本框对象在界面上不重叠，它们的起始位置属性肯定是不一样的。

上述存放方程系数的三个文本框对象的名称属性定义成了 tBx_a、tBx_b 和 tBx_c。

（3）控件类的方法

每个控件类都有自己的方法，例 6.5 中的系数文本框使用了 Parse() 方法，将文本转换为数值。例如：

```
int a = int.Parse(tBx_a.Text)
```

用户在文本框中输入的方程系数（Text 属性中）是文本，需要采用该方法进行转换后才能计算。

（4）事件

对于例 6.5 中的命令按钮控件类，鼠标单击就是它的一个事件。

事件产生后需要做的事情是在设计时安排的。例如，对于上面的"解方程"按钮，单击事件中编写的代码实现的就是解方程的功能。而实现解方程的程序可以按照结构化程序设计方法进行。

3. 可视化程序设计资源管理

（1）工程/项目（Project）

工程又称项目，用于组织项目开发。

因为实际应用可视化程序开发一个项目需要用到很多内容（称为资源），如菜单、窗口、状态栏、图标、系统控件、报表等。用户通过 IDE 平台可以比较容易地把它们组织起来，从而形成系统。这就需要用工程把用户如何组织这些资源信息保存起来。

这里，工程包含下列含义。

工程文件：存放资源组织信息。

工程文件夹：存放使用的所有资源文件。

（2）解决方案

在一个应用开发中往往包含若干项目组，每个项目组是一个工程，所有工程通过解决方案进行管理。将只有该工程用的资源放在该工程下；将几个工程公用的资源放在解决方案中。

这里，工程包含下列含义。

解决方案文件：存放解决方案组织信息。

解决方案文件夹：存放该解决方案下的所有资源文件。

如果开发的应用程序仅仅需要一个工程，就不需要解决方案。

6.5　Web 程序设计

WWW（World Wide Web）简称 Web，是因特网提供的一项最基本、最广泛的服务。Web 是存储在因特网计算机中数量巨大的文档的集合。这些文档称为页面，是一种超文本信息，可用于描述文本、图形、视频、音频等多媒体，又称为超媒体。

1. Web 服务器与客户端

用户通过 Web 浏览器向 Web 服务器请求一个资源，当 Web 服务器接收到这个请求后，将替用户查找该资源，然后将结果以 HTML 文档形式返回浏览器，浏览器将响应的内容按 HTML 格式显示出来。Web 服务器的工作流程如图 6.10 所示。

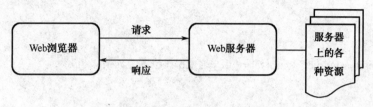

图 6.10 Web 服务器的工作流程

2. 静态网页和动态网页

（1）静态网页

早期的 Web 网站以提供信息为主要功能，网页的内容由设计者事先将固定的文字及图片放入网页中，这些内容只能手工更新，这种类型的页面被称为静态网页，静态网页文件采用 HTML 语言描述，扩展名通常为 htm 或 html。

对于普通用户，通过 Microsoft Office 包中的 FrontPage 软件就可设计静态网页。更简单地，用 Word 软件就可设计静态网页，仅仅在保存文件时另存为 html 文件即可。

（2）动态网页

若需要在网页上展现固定不变的内容，用静态网页就可以了。但有时网站需要与浏览者进行必要的交互，从而为浏览者提供更为个性化的服务。Web 服务器能通过 Web 请求了解用户的输入操作，从而对此操作做出相应的响应，整个过程中，页面的内容会随着操作的不同而变化。这种交互式的网页称为动态网页。

设计动态网页时，需要采用 Web 开发技术。

3. Web 开发技术

目前市场上主流的 Web 开发技术有 ASP（ASP.NET）、JSP 和 PHP。

ASP.NET 是微软推出的全新的动态网页实现系统，它提供了一系列开发工具，采用 C#作为脚本语言，使 Web 开发简单方便，可建立强大的 Web 应用程序，文件扩展名为 aspx。目前，ASP.NET 的最新版本为 ASP.NET 4.0，最新的开发平台为 Visual Studio 2010。

【例 6.6】 用 Visual Studio 2010 平台开发"登录"界面。

（1）设计界面

打开 Visual Studio 2010，采用 ASP.NET 4.0 系统工具箱设计"登录"界面，如图 6.11 所示。保存的文件名为 login.aspx。

（2）编写代码

双击"登录"按钮，在代码编辑器中为"登录"按钮单击事件添加如下代码：

```
protected void loginBtn_Click(object sender, EventArgs e)
{
    if ((username.Text == "admin") && (password.Text == "admin"))
    {
        Response.Write("<script>alert('登录成功!');location.href='main.aspx';</script>");
    }
    else
    {
        Response.Write("<script>alert('用户名或密码错误!')</script>");
    }
}
```

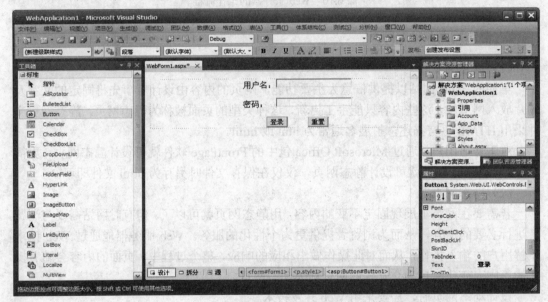

图 6.11　设计"登录"界面

双击"重置"按钮,在代码编辑器中为"重置"按钮单击事件添加如下代码:

```
protected void resetBtn_Click(object sender, EventArgs e)
{
    username.Text = "";
    password.Text = "";
}
```

（3）运行程序

单击"运行"按钮，运行网页，在网页中输入正确的用户名 admin 和密码 admin，单击"登录"按钮,如图 6.12 所示。登录成功,如图 6.13 所示。

如果将文件放到 Web 服务器上，网上用户通过浏览器就可访问。

图 6.12　输入用户名和密码

图 6.13　登录成功

6.6　软件工程

与所有事物类似，软件也有一个从生到死的过程。一般将这个过程称为软件生命周期。

一般地，软件生命周期可划分为定义、开发和运行三个大的阶段。软件工程就是采用工程设计的概念、原理、技术和方法，对软件进行开发、运行、维护等。

软件生命周期可进一步细分为六个阶段，即制订计划、需求分析、软件设计、程序编码、软件测试及软件运行、维护。

类似于其他工程项目中安排各道工序那样，为反映软件生命周期内各种活动应如何组织、软件生命周期的六个阶段如何衔接，需要用软件生命周期模型，采用图形的方法进行表达，如图 6.14 所示。

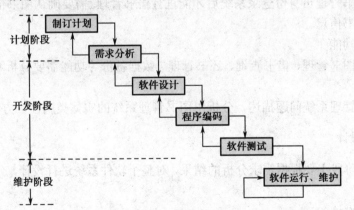
图 6.14　软件生命周期模型

1. 制订计划

软件开发人员与客户一起进行需求分析，确定软件的开发目标及其可行性。

【例 6.7】　为图书管理系统制订计划。

图书管理系统可以供学校图书馆的管理员使用，用于图书馆日常的读者管理、图书管理、借书、还书等操作；还可以供读者查询图书信息及自己的借书情况。所以图书管理系统主要包含登录、图书查询、借书查询、读者管理、图书管理、借书管理、还书管理等功能。

2. 需求分析

在确定软件开发可行的情况下，对软件需要实现的各个功能进行详细分析，然后编写出软件需求说明书，提交管理机构评审。

【例 6.7 续】 对图书管理系统进行需求分析。

（1）登录功能

图书管理系统可以供读者和图书管理员使用，所以需要设置登录者的身份。

以读者身份登录后只能查看借书情况、图书馆中的藏书情况。登录的账户名可以直接使用读者的借书证号，密码在登录后可以自行修改。

图书管理员的登录账户分为读者管理员和图书管理员两种，分别进行读者管理和图书管理。

（2）读者管理

每个读者的借书证号都是唯一的，读者的借书量不能超过 5 本。只有以读者管理员身份登录系统以后才能进行读者管理。

读者管理的操作包括添加、修改和删除。

（3）图书查询

用户可以根据图书的 ISBN、书名、作（译）者和出版社进行模糊查询，查询到结果后将图书信息分页显示，如果不输入任何条件则显示所有图书信息。

（4）借书管理

只有以图书管理员身份登录系统后才能进行借书管理。需要确认图书信息、预约信息、读者信息和借书信息。

（5）其他功能

另外还有图书管理、借书查询、还书管理、数据备份等功能需要分析和描述，这里不再一一说明。

根据图书管理系统问题描述，分析出图书管理系统的实体类属性、方法和事件。

3. 软件设计

软件设计阶段主要根据需求分析的结果，对整个软件系统进行设计，分为概要设计和详细设计。

（1）概要设计

在概要设计阶段，设计人员把已确定了的各项需求转换成意义明确的实现模块，同时确定模块之间的关系。

【例 6.7 续】 对图书管理系统进行概要设计。

图书管理系统各个部分的主要功能的关系如图 6.15 所示。

（2）详细设计

详细设计的主要任务是对每个模块具体实现方法进行描述。算法及其描述算法的工具（如流程图）主要用于详细设计。

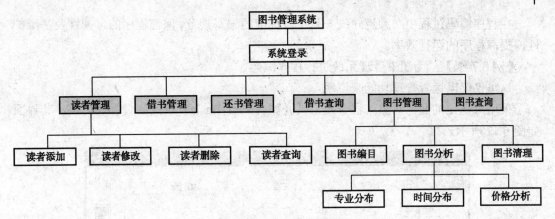

图 6.15 图书管理系统

【例 6.7 续】 对图书管理系统进行详细设计。

这里仅仅以借书管理功能来说明。

借书管理模块完成图书借阅功能,其流程如图 6.16 所示。借书管理模块界面显示用户信息和所借图书信息。

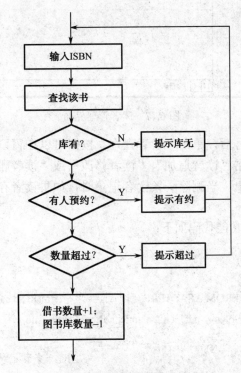

图 6.16 借书管理模块的流程

4. 程序编码

程序编码阶段将软件详细设计转换成高级语言源程序,并且编译成可运行的机器语言程序,初步检查它的功能是否正确。

在程序编码过程中必须遵守统一且符合标准的编写规范，保证程序的可读性及易维护性，提高程序的运行效率。

【例 6.7 续】 为图书管理系统进行程序编码。

这里仅仅以读者管理功能来说明。

采用可视化的面向对象编程开发工具（如 Visual Basic）设计读者管理模块，其界面如图 6.17 所示。

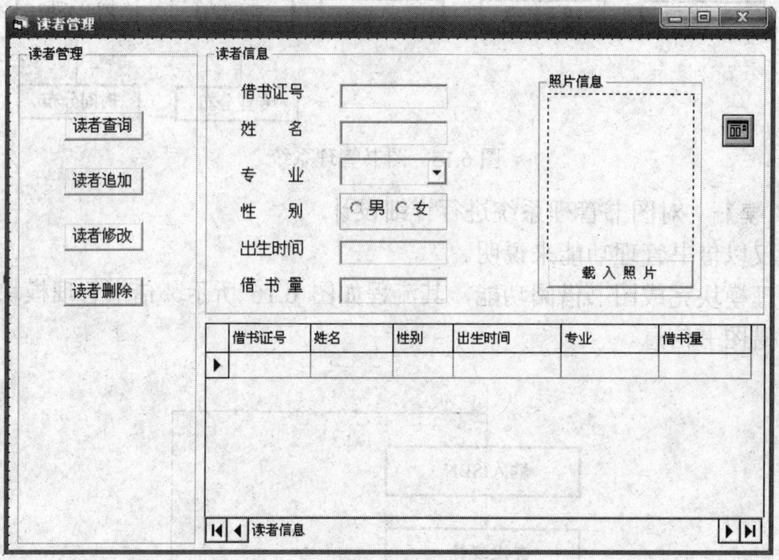

图 6.17 读者管理界面

输入读者的借书证号后，单击"读者查询"按钮可以在窗口中的各个控件中显示当前读者的具体信息，单击"读者追加"、"读者修改"或"读者删除"按钮可以追加、修改或删除相应读者的信息。当删除一条读者记录时，如果读者存在借书记录，则是不允许的。

其中，"读者追加"功能代码如下：

```
Private Sub insert_Click()
    Dim SqlStr As String
    SqlStr = "SELECT * FROM XS WHERE 借书证号='" + Trim(ReaderID.Text) + "'"
    SqlRes.Open SqlStr, SqlCon, adOpenDynamic, adLockPessimistic
    If SqlRes.EOF Then
        SqlRes.AddNew                          //创建一条新记录
        SqlRes("借书证号") = ReaderID.Text
        SqlRes("姓名") = ReaderName.Text
        SqlRes("专业") = Project.Text
        If man.Value = True Then
            SqlRes("性别") = 1
        Else
```

```
            SqlRes("性别") = 0
        End If
        SqlRes("出生时间") = Birthday.Text
        SqlRes.update                              //保存更改
        Call MsgBox("添加成功！")
        ReaderADO.Refresh                          //刷新 ReaderADO 控件的记录
    Else
        Call MsgBox("读者已经存在！")
    End If
    SqlRes.Close
End Sub
```

5. 软件测试

在软件设计完成后要经过严密的测试，以便发现软件在整个设计过程中存在的问题并加以纠正。

【例 6.7 续】 对图书管理系统进行软件测试。

这里仅仅以读者管理功能来说明。

单击工具栏中的"运行"按钮打开系统主界面，选择"读者管理"功能后运行的界面如图 6.18 所示。

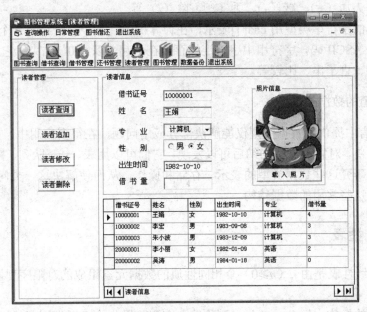

图 6.18 读者管理界面

要测试正常操作内容，通过查询看它的正确性；还要测试类似下面所列的非正常操作内容。

① 删除一个不存在的读者。

② 添加一个读者后，重新添加这个读者。

③ 将一个读者修改成已经存在的读者。
④ 读者没有还清图书就删除这个读者。
……

6. 软件运行、维护

软件开发完成后即可投入运行，但有时由于多方面的原因，软件可能不能继续适应用户的要求。因此，要延续软件的使用寿命，就必须对软件进行修改、扩充等维护。

6.7 数据结构

1. 数据和数据类型

数据是程序加工的"原料"。例如，对于编写计算 $ax^2+bx+c=0$ 方程根的程序，a,b,c 是数据。

数据是分类型的，不同数据类型在计算机中的存储和能够进行的操作是不相同的。

在 C 语言中，系统提供了一些数据类型和基于每个数据类型的运算（操作）。

例如：

系统定义的整数类型用 int 表示，在计算机中以 16 位定点有符号二进制补码形式存储，它对应的操作为加（+）、减（-）、乘（*）、除（/）等。

系统定义的字符串类型用 char [] 表示，在计算机中，一个字符存放一个字节（8 位），对应的编码为 ASCII 码，字符串中字符连续存放在一起，以 '/0' 结束。它对应的操作包括字符串连接、查子串、比较等。

2. 非数值的数据类型

在 C 语言中提供的数据类型仅能解决部分应用问题，在很多应用中，用一般的数据类型都无法解决，对它们进行归纳后可以发现，它们可以用表、栈、队列、树、图等表示。

数据结构研究这些数据类型的表示、存储和操作，从而使解决这一类问题变得简单。下面介绍这些常用的数据结构。

6.7.1 线性表

一般地，线性表是由 n（$n \geq 0$）个相同性质的数据元素组成的有限序列，表示为（a_1, a_2, …, a_n）。

对线性表的操作：插入、查找、删除等。在删除操作中可以调用查找操作。

【例 6.8】 编写 "QQ 游戏" 中的 "斗地主" 游戏（一种扑克牌游戏程序）。

图 6.19 所示的就是其中的一个画面。

分析实现：编写扑克牌游戏程序，首先考虑每个人手上的扑克牌如何表示，然后考虑对扑克牌进行的操作。

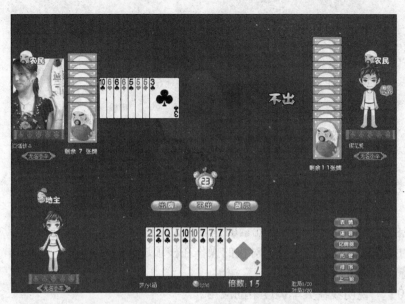

图 6.19 扑克牌游戏图

1. 手上的扑克牌表示

如果所要表示的扑克牌不分花色,扑克牌可以用字符表示。

例如:可以表示为'3',表示为'Q',表示为'4',表示为'6',表示为'0'。

这样,可以表示为('7','7','7','7','0','0','J','Q','2','2')。

虽然将手上的扑克牌变成了数据,但没有辨别花色,实际表示时还需要考虑这些问题。如果用线性表表示某人手上的扑克牌,a_1 就是当前的第 1 张扑克牌的数据,a_2 就是第 2 张扑克牌的数据,依次类推。

2. 打牌操作

打牌时的主要动作就是摸牌、出牌。

(1) 摸牌

对于某人,一开始手上没有牌,那么,它的线性表为空。摸到一张牌,通过线性表插入操作,就可把这张牌作为数据元素加入线性表中。

至于为什么摸到这张牌,这是摸牌算法,不是这里考虑的问题。

(2) 出牌

出牌前,某人的线性表中表示的是手上有哪些牌,出牌就是将指定的数据元素从线性表中删除。线性表中保留的是现在手上有的牌。

至于为什么出这张牌,涉及其他很多复杂算法,不是这里考虑的问题。

6.7.2 栈

栈是一种运算受限的线性表。其工作方式如图 6.20 所示。

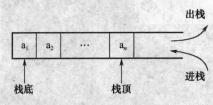

图 6.20 栈的工作方式

a_i 是栈的数据元素。不含数据元素的空表称为空栈。

对栈的操作：进栈、出栈等。对栈的操作在栈顶进行。

栈的特点：先进后出。

【例 6.9】 说明栈在火车调度中的应用。

分析实现：可以把火车库的一条铁轨作为一个栈，火车车厢入库就是入栈，栈中的数据为每一列车厢编号。火车车厢出库就是出栈。最后进栈的，最先出栈。通过栈数据结构，可以编排车厢出库后的排列顺序。

例如，以车厢编号表示进库数据，以负数表示车厢出库数量，输出车厢出库编号。

输入：1022，1203，2234，-1，1010，2301，2202，-2，1104，2206，1212，-5

调度功能：把车厢编号作为栈的数据元素，输入车厢编号调用进栈操作；输入负数，调用出栈操作，根据负数的绝对值控制调用出栈的次数。

输出：2234，2202，2301，1212，2206，1104，1010，1203，1203

6.7.3 队列

队列是先进先出的线性表。其工作方式如图 6.21 所示。

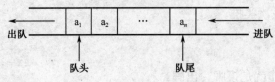

图 6.21 队列的工作方式

a_i 是队列的数据元素。不含数据元素的空表称为空队列。

对队列的插入操作：入队、出队等。入队操作限制在表的一端（队尾）进行，出队操作限制在表的另一端（队头）进行。

队列的特点：先进先出。

【例 6.10】 说明打印机按序打印多个文档的过程。

分析实现：建立一个打印"队列"。把需要打印文档的文件名作为队列数据元素，发出打印文档命令时，调用入队操作；打印机打印文档时，得到队头数据元素，开始打印；本文档打印结束，调用出队操作，直到打印完成。打印队列为空，打印完成。

这样，如果需要同时打印 4 个文档，并不需要等待第 1 个文档打印结束后再发打印第 2 个、第 3 个、第 4 个文档的命令，在发出打印第 1 个文档后即可立即发出打印其他几个文档的命令，如图 6.22 所示。

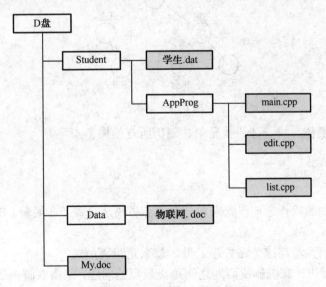

图 6.22　打印机打印队列

6.7.4　树

树结构在客观世界中广泛存在，一切具有层次关系的问题都可用树来描述。

例如，一台计算机的硬盘可以分成 C 盘、D 盘、E 盘等逻辑盘，其中每个逻辑盘的文件夹和文件的组织就是一棵树。如图 6.23 所示就是某人 D 盘的目录文件结构。

图 6.23　D 盘目录文件结构

为了简便，用下列代号表示文件夹和文件，其中：

A　D 盘
B　"Student"文件夹
C　"Data"文件夹
D　"My.doc"文件
E　"学生.dat"文件

F "AppProg"文件夹
G "物联网.doc"文件
H "main.cpp"文件
I "edit.cpp"文件
J "list.cpp"文件

D盘文件结构可用树表示,如图6.24所示。

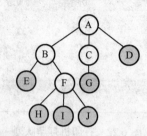

图6.24　D盘文件树结构示意图

人类社会的族谱也是树结构。一个家族看成一棵树,树中的节点为家族成员的姓名及相关信息,树中的关系为父子关系,即父亲是儿子的前驱,儿子是父亲的后继。图6.25所示就是一个家族树。

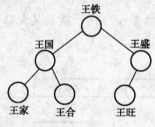

图6.25　家族树

对树进行的操作有找子孙、找兄弟、遍历所有的树节点等。

6.7.5　图

在介绍图及图的操作之前,先来看一个江苏省高速公路(非最新)的例子,如图6.26所示。

某人从南京出发沿高速公路去连云港,怎么走距离最短?

分析实现:要让计算机解决两地之间距离最短的问题,就需要解决江苏省高速公路图的表示、存储和对图的操作等。

要描述图,只需要表示图的顶点、顶点与顶点之间连接的边。为了用计算机描述江苏省高速公路图时更方便,把图中顶点的名称用代号表示:

v_1　南京　　v_2　镇江　　v_3　常州　　v_4　无锡　　v_5　苏州
v_6　六合东　v_7　扬州　　v_8　正谊　　v_9　广陵　　v_{10}　南通
v_{11}　黄花塘　v_{12}　淮安　v_{13}　盐城　　v_{14}　宿迁　　v_{15}　徐州
v_{16}　新沂　　v_{17}　连云港

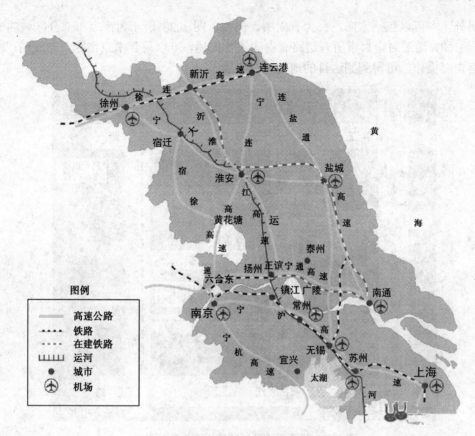

图 6.26 江苏省高速公路图

这样，江苏省高速公路图描述为图的效果如图 6.27 所示。

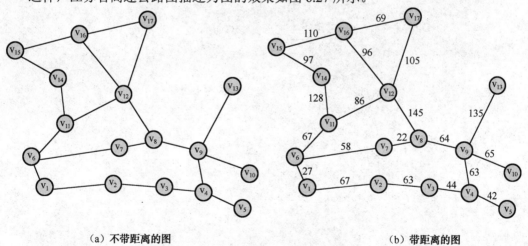

(a) 不带距离的图　　　　　　　　　(b) 带距离的图

图 6.27 江苏省高速公路图描述为图的效果

对图操作：求最短路径等。

实际上，最短路径不仅指一般地理意义上的距离最短，还可以延伸到其他的度量，如时间最少、费用最低等。

另外,图可以包括方向,称为有向图。例如,图 6.28 所示为南京市部分区域的道路单向行驶图,通过对南京市所有道路有向图进行描述,可以得到南京市行车路线图。根据对该有向图操作,可得到到达目的地的行车路线。

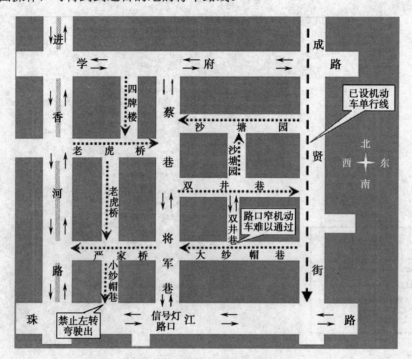

图 6.28 南京市部分区域的道路单向行驶图

第 7 章 计算机网络

7.1 计算机网络概述

7.1.1 计算机网络拓扑结构及分类

1. 计算机网络的定义

计算机网络就是将独立运行的计算机通过通信设备和通信线路连接起来,在网络软件的支持下,实现资源共享。

2. 计算机网络的拓扑结构

连接到网络中的计算机等各种设备称为节点,把节点连成网络可以有多种结构,称为网络拓扑。基本的网络拓扑有五种:总线形、星形、树形、环形与网状,如图 7.1 所示。

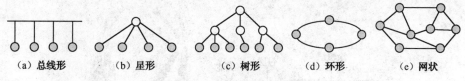

图 7.1 基本网络拓扑结构

3. 计算机网络的分类

计算机网络的分类方法有很多种,按覆盖的地理范围进行分类,可以将计算机网络分为个人区域网、局域网、城域网与广域网,如图 7.2 所示。

图 7.2 计算机网络分类

7.1.2 传输介质

1. 双绞线

双绞线（网线）是使用最为广泛的传输介质。由1对、2对或4对相互绝缘的铜导线组成。一对导线可以作为一条通信线路。每对导线相互绞合的目的是使通信线路之间的电磁干扰达到最小。双绞线分为两类：屏蔽双绞线（STP）与非屏蔽双绞线（UTP）。

双绞线的基本结构和与RJ-45水晶头的连接如图7.3所示。

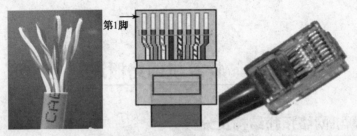

图7.3 双绞线的基本结构

根据传输速率不同，非屏蔽双绞线（UTP）可以分为3类、4类、5类、超5类、6类、7类。

2. 光纤

（1）光纤通信

光纤通信就是利用光导纤维（简称光纤）传递光脉冲进行通信。有光脉冲表示为1，没有光脉冲表示为0。由于可见光频率高，所以传输的带宽比其他媒体高得多。光纤结构如图7.4所示。

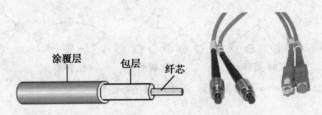

图7.4 光纤结构

（2）光纤传输

光纤包括单模光纤与多模光纤，多模光纤的光信号与光纤轴为多路光载波传输。单模光纤的光信号与光纤轴为单路光载波传输，如图7.5所示。

单模光纤的纤芯很细，制造成本较高，传输距离远，在2.5Gbps传输速率下可传输几万米。多模光纤比单模光纤的直径大，容易制造，但光信号容易衰减，所以传输的距离大大缩短。

光纤通信传输距离远，传输速率高；抗雷电和电磁干扰能力强；不易被截取和窃听，保密性好；体积小，质量小。光缆包含1根至几百根光纤。

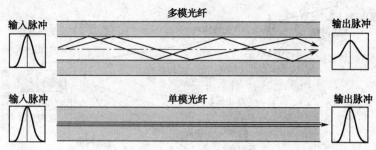

图 7.5　多模光纤与单模光纤的比较

（3）光电转换

由于计算机只能接收电信号，所以光纤连接计算机时需要用光电收发器进行光电转换。在发送端，需要把电转换为光；在接收端，再把光信号转换成电信号。图 7.6 为典型的光纤传输系统结构。

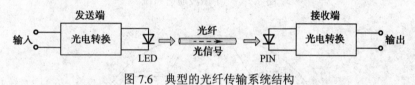

图 7.6　典型的光纤传输系统结构

3. 无线与卫星通信

支持移动物体之间通信的系统主要是无线通信系统、微波通信系统、蜂窝无线通信系统和卫星通信系统。

（1）无线通信系统

从电磁波谱中可以看出，无线通信使用的频段覆盖范围是低频到特高频。其中，调频无线电通信使用中波 MF，调频无线电广播使用甚高频，电视广播使用甚高频到特高频。

（2）微波通信系统

微波信号传播时不能绕射，所以微波通信在地面一般采用点—点方式通信，特别适用于城市建筑物之间的通信。若两地距离远或者有高楼阻挡，则地面微波传输需要中继系统。如图 7.7 所示为微波通信的一个实例。

其中，派出所 1 和派出所 4 与市公安分局之间有高楼阻挡，架设时使用了中继传输。

（3）蜂窝无线通信系统

蜂窝无线通信采用小区制，在每个小区中设立一个基站，手机用户通过基站接入移动通信网。小区覆盖的半径较小（一般为 1～20km）。由若干个小区构成的覆盖区称为区群。由于区群的结构酷似蜂窝，又称为蜂窝移动通信系统，如图 7.8 所示。

（4）卫星通信系统

卫星通信是利用位于约 36 000km 高空的人造同步地球卫星作为中继器的一种微波接力通信。卫星通信包括点—点卫星通信和卫星广播通信，如图 7.9 所示。

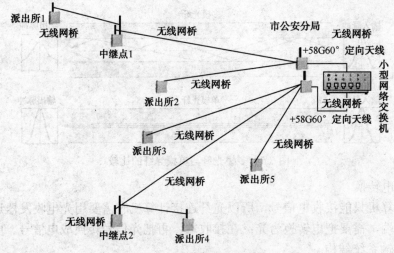

图 7.7 一个微波通信系统

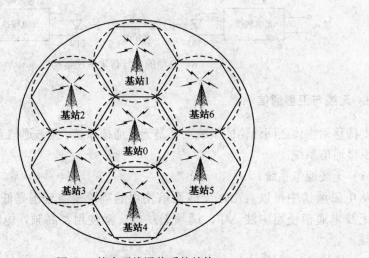

图 7.8 蜂窝无线通信系统结构

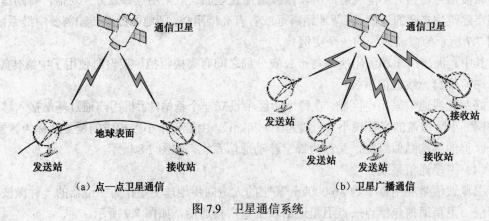

图 7.9 卫星通信系统

7.2 以 太 网

以太网从早期的标准以太网,发展到后来的快速以太网(FE)、千兆以太网(GE)、万兆以太网(10GE)和十万兆以太网(100GE)。在这个过程中,以太网包含共享以太网和交换以太网两种类型。

传输速率如下。

标准以太网:10Mbps

快速以太网:100Mbps

千兆以太网:1 000Mbps

万兆以太网:10Gbps

十万兆以太网:40Gbps 或 100Gbps

7.2.1 共享以太网

以集线器作为中心节点组成的星形网络称为共享以太网。集线器上的多个端口将各介质段物理地连接在一起,同时把所有端系统集中在以它为中心的节点上,如图 7.10 所示。

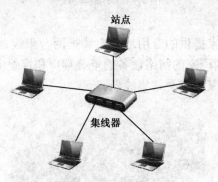

图 7.10　共享以太网

1. 逻辑拓扑结构

基于集线器组成的网络虽然物理上是星形结构,但逻辑上仍然是总线结构。集线器再生所收到的信号,以广播方式转发给每个端口,如图 7.11 所示。

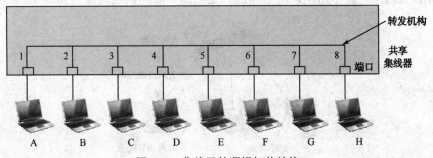

图 7.11　集线器的逻辑拓扑结构

所以，基于集线器的以太网常称为共享式以太网，即所有端口共享信道带宽。因为发送和接收不能同时进行，所以称为半双工工作方式。

2. 共享以太网扩展

级联和堆叠是集线器组成的以太网扩展的两种方法，由此增加网络节点数量、扩大网络范围。

（1）级联

实现级联的方法如图7.12所示。

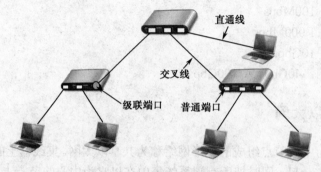

图7.12　集线器级联

（2）堆叠

使用网络连接设备厂家提供的专用堆叠电缆把两台集线器通过专用堆叠端口连接起来，称为堆叠。但是，不同厂家的网络设备的堆叠端口和堆叠电缆线的标准一般不同，不能通用。如图7.13所示为某款堆叠式集线器。

图7.13　堆叠式集线器

3. 光纤以太网

光纤以太网也呈星形结构，所不同的只是网络中心为光集线器，如图7.14所示。

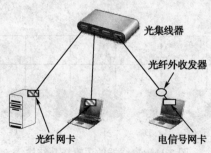

图7.14　光纤以太网连接

光纤的一端与光集线器连接，另一端与网卡连接。光纤直接连接到可处理光信号的光网卡上，如图 7.15 所示。也可先连接到外置光收发器，然后连接电信号网卡。

图 7.15　光网卡

由于光纤介质适宜连接相距较远的站点，所以常用于建筑物间的连接。

4．数据传输的基本单元：MAC 帧

1983 年，IEEE802 委员会制定了第一个 IEEE 的以太网标准 IEEE802.3，传输的帧为 MAC 帧，传输速率为 10Mbps。随着因特网的发展，DIX V2 标准定义帧成为 MAC 帧，帧结构如图 7.16 所示。

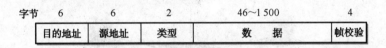

图 7.16　DIX V2 帧结构

DIX V2 帧的各个部分说明如下。

（1）目的地址和源地址

目的地址与源地址分别表示帧的接收节点与发送节点的 MAC 地址。

源地址始终是单播地址（单一节点地址），因为任何帧都只可能来自一个站。源地址是发送者的网卡编号，称为 EUI-48。

目的地址则有可能是单播地址、多播地址（多个节点地址）或广播地址（所有节点地址）。如果目的地址的第一个字节的最低位是 0，那么这个地址就是单播地址；反之则是多播地址，如图 7.17 所示。

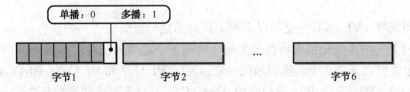

图 7.17　单播和多播地址

广播地址是多播地址的一种特殊形式，用 48 个 1 表示。

（2）类型

类型字段表示的是数据的来源。例如，当类型字段值等于 0x0800 时，表示帧数据是 IP 数据包，它是 TCP/IP 协议网络层包装后的数据。

（3）数据

数据长度在 46~1 500 字节之间。由于帧头部分包括 6 字节目的地址、6 字节源地址、2 字节类型字段及 4 字节的帧校验字段，共为 18 字节。实际上，MAC 帧最小长度为 64 字节，最大长度为 1 518 字节。

（4）帧校验

帧校验字段（FCS）是为了检测网卡接收的 MAC 帧有无差错而专门设置的。

7.2.2 交换以太网

以以太网交换机作为中心节点组成的星形网络称为交换以太网。

1. 交换以太网的特点

交换机上的多个端口将各介质段物理地连接在一起，如图 7.18 所示。

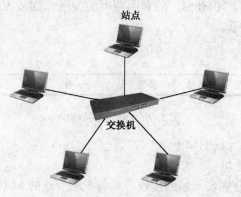

图 7.18 交换以太网

以太网交换机各端口具有独立的传输通道，不需要共享信道，可以同时发送和接收数据，称为全双工工作方式。传输距离为传输介质信号不失真长度，通过加转发器，传输距离可以扩展。

2. 虚拟局域网

虚拟局域网（VLAN）是交换以太网上提供的划分逻辑组的一种服务。

【例 7.1】 用 4 个交换机连接 8 个站，构成 3 个虚拟局域网，如图 7.19 所示。

将 8 个主机划分为 3 个虚拟局域网：VLAN1、VLAN2 和 VLAN3，即 VLAN1（A1，A2，A3）；VLAN2（B1，B2，B3）；VLAN3（C1，C2）。而这些被划分在同一个虚拟局域网中的计算机，并不一定与同一台交换机相连。这样一个虚拟局域网内部可以通信，虚拟局域网之间就不能直接通信。

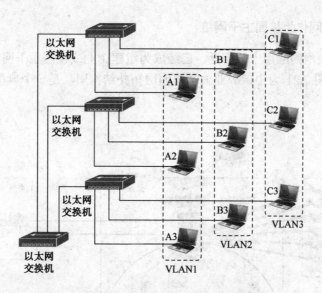

图 7.19 虚拟局域网（VLAN）的构成

7.2.3 以太网组网

1. 千兆以太网作为主干网

实际组网时，往往使用千兆交换机组成主干网。同时，千兆交换机可下连多台百兆交换机或 10 Mbps 交换机。图 7.20 为千兆交换以太网的应用实例。

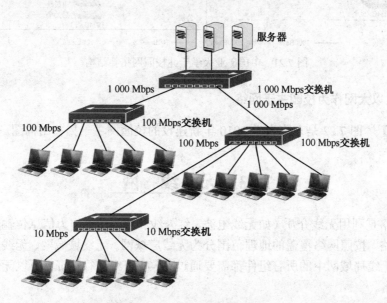

图 7.20　千兆交换以太网应用实例

2. 千兆以太网作为校园主干网络

目前千兆以太网的应用十分广泛,已经成为组建企业或校园主干网络的主流技术。

【例 7.2】 图 7.21 为中国矿业大学校园网拓扑结构图,是一个典型的层次结构的千兆以太网系统。

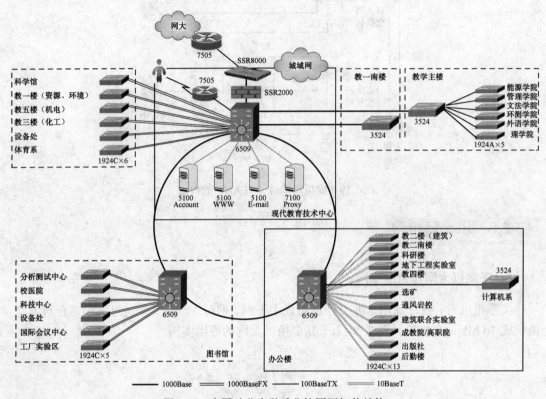

图 7.21　中国矿业大学千兆校园网拓扑结构

3. 万兆以太网作为校园主干网络

【例 7.3】 图 7.22 是东南大学 2010 年新建设的校园网主干拓扑结构图。

7.3 无线网

无线网络是利用无线介质(如无线电波、红外线和激光等)作为信息传输媒介而构成的计算机网络。按照网络覆盖的地理范围分为无线广域网、无线城域网、无线局域网和无线个域网。无线局域网中的所有组件都需要通过 Wi-Fi 组织进行认证,所以无线局域网又称 Wi-Fi 网络。

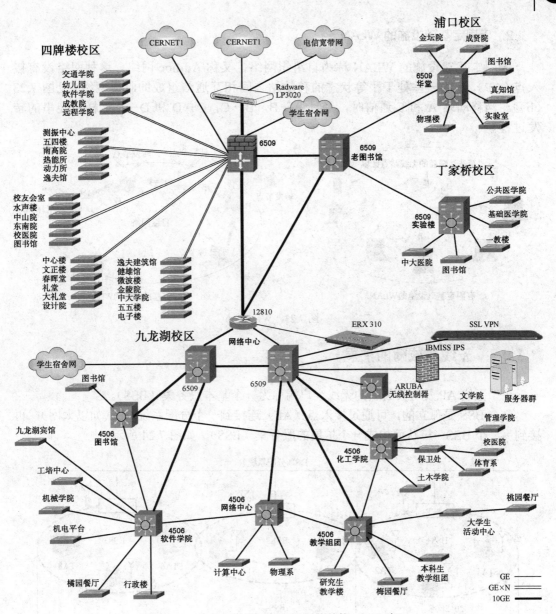

图 7.22　东南大学校园网主干拓扑结构（2010 年）

7.3.1　无线局域网的构建

1. 有固定基础设施的 WLAN

有固定基础设施的 WLAN 是指利用预先建立起来的、能够覆盖一定地理范围的一批固定基站（称为接入点，AP）实现无线数据通信。无线站点（STA）又叫移动站，通常由计算机加无线网卡构成，通过 AP 进行通信，如图 7.23（a）所示。

2. 无固定基础设施的 WLAN

无固定基础设施的 WLAN 称为自组织网络，又称 Ad-hoc 网络。这种网络没有接入点（AP），是由一些处于平等状态的移动站之间相互通信组成的临时网络（见图 7.23（b））。当移动站 A 和 E 通信时，经过 A→B，B→C，C→D 和 D→E 这样一连串的转发过程。

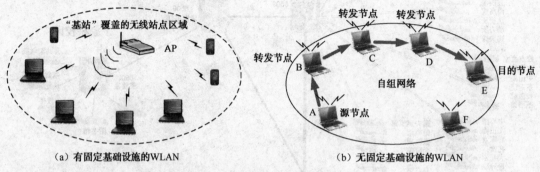

图 7.23　WLAN

7.3.2　无线局域网的扩展

一个无线 AP 及与其关联的无线客户端称为一个基本服务集（BSS）。

一个 BSS 是孤立的，可通过接入点（AP）连接到一个分配系统 DS（如以太网），再接到另一个 BSS……从而构成一个扩展的服务集（ESS），如图 7.24 所示。

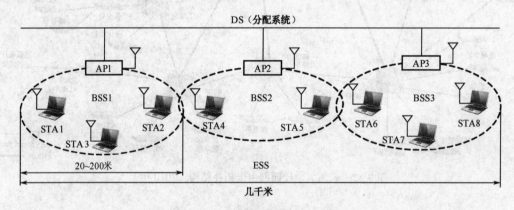

图 7.24　扩展的服务集（ESS）

现在许多地方，如办公室、机场、快餐店、旅馆、购物中心等都能向公众提供有偿或无偿接入 Wi-Fi 的服务。这样的地点叫作热点（hot spot）。由许多热点和接入点（AP）连接起来的区域叫热区（hot zone）。

7.3.3　无线局域网的主流产品

随着无线局域网技术的不断发展，IEEE 先后制定了 802.11、802.11a、802.11b、802.11g 和 802.11n 标准。欧洲电信标准协会 ETSI 也为欧洲制定了无线局域网的标准 HiperLAN

（现为 HiperLAN2）。ETSI 和 IEEE 的标准可以互操作。

主流 WLAN 产品如表 7.1 所示。

表 7.1 主流 WLAN 产品

标　　准	频　　段	最 高 速 率
802.11b	2.4GHz	11Mbps
802.11a	5.8GHz	54Mbps
802.11g	2.4GHz	54Mbps
802.11n	2.4/5.8GHz	320～600Mbps
HiperLAN2	5.3GHz	54Mbps

7.3.4　宽带无线城域网

宽带无线城域网（采用 802.16 标准）可覆盖区域内的大量用户，比 802.11 网络大 10 倍以上。因此，基站比 802.11 接入点要更强大。802.16 系统如图 7.25 所示。

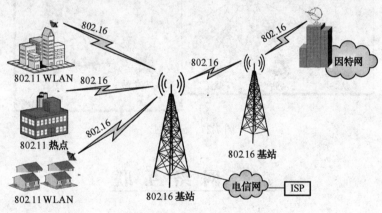

图 7.25　802.16 系统

7.3.5　蓝牙

蓝牙技术由 IEEE802.15 标准定义的协议实现。它可以在一个房间或厅堂大小的空间内工作。蓝牙网络是自发组成的，蓝牙设备互相找到对方并形成网络。

蓝牙定义了两种类型的网络：微微网和分散网。

1. 微微网

有一种蓝牙网络称为微微网（Piconet）。一个微微网最多可以有 8 个站，其中一个站称为主站，其他站称为从站。主站与从站之间的通信可以是一对一的，也可以是一对多的。图 7.26 所示为一个微微网。

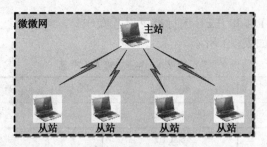

图 7.26　微微网

2. 分散网

多个微微网可以组合起来形成一个分散网（Scatternet）。一个微微网的从站可能是另一个微微网的主站，它可以接收由第一个微微网的主站发送的报文（作为一个从站），然后以主站的身份将这些报文传递给第二个微微网上的从站。也就是说一个站可以成为两个微微网的成员。图 7.27 描绘了一个分散网。

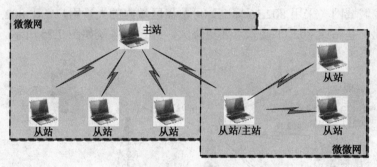

图 7.27　分散网

7.4　网络互联

为了在更大限度上实现不同网络之间的资源共享，有必要进行网络互联。网络需要通过路由器才能互联起来，如图 7.28 所示。

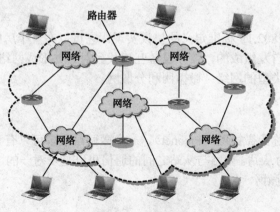

图 7.28　网络互联

7.4.1 IP 地址

1. IP 地址的表示

在因特网中，网络上的每个主机需要一个地址来区分它们，这就是 IP 地址。IP 地址长度为 32 位二进制，用点分十进制表示，即 X.X.X.X。每个 X 为 8 位，值为 0~255。例如，202.66.100.123 就是一个标准的 IP 地址。IP 地址包含两个部分。

IP 地址 = {<网络号>,<主机号>}

在同一个网络中，不同主机的 IP 地址的<网络号>是相同的，而<主机号>是不同的。

由于路由器要连接到多个网络中，完成多个网络之间的互联，它与连接的每个网络有一个连接的接口，因此需要为它的每个接口分配一个 IP 地址。标准的 IP 地址是有分类的，如图 7.29 所示。

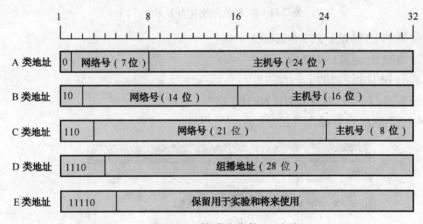

图 7.29 标准分类的 IP 地址

例如，202.66.100.123 就是一个标准 C 类地址。

2. 网络地址与网络掩码

网络地址就是主机号为 0 的 IP 地址。为了表达 IP 地址中的网络号部分，需要设置网络掩码（有时称为子网掩码），如图 7.30 所示。

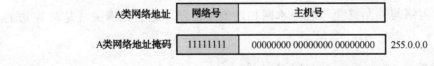

图 7.30 A 类地址

这样，IP 地址与网络的掩码相"与"就是网络地址。

例如：

IP 地址： 10.3.9.19
网络的掩码： 255.0.0.0

例如：

IP 地址： 202.66.100.123

网络的掩码： 255.255.255.0

【例 7.4】 某单位得到一个网络号为 202.66.100.0 的 C 类 IP 地址，单位网络拓扑结构如图 7.31 所示。

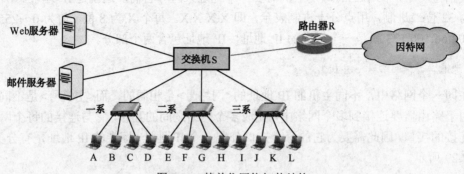

图 7.31 某单位网络拓扑结构

Web 服务器的 IP 地址：202.66.100.1

邮件服务器的 IP 地址：202.66.100.2

交换机 S 的 IP 地址：202.66.100.3

路由器 R 左接口的 IP 地址：202.66.100.251

主机（A）IP 地址设置如图 7.32 所示。

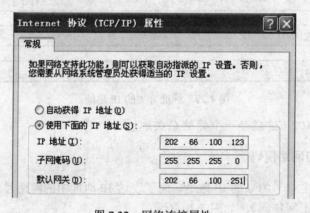

图 7.32 网络连接属性

网关就是本网络与外面打交道时与本网相连的路由器。这里的网关就是 R 左边的接口。

7.4.2 单播、多播和广播

1. 单播

在单播通信中，只有一个源点和一个终点。数据报途经的每个路由器都要将这个分组仅从一个接口转发出去。

【例 7.5】 如图 7.33 所示，其中有一个单播分组需要从源计算机交付到一台连接在网络 N_6 上的目的计算机。

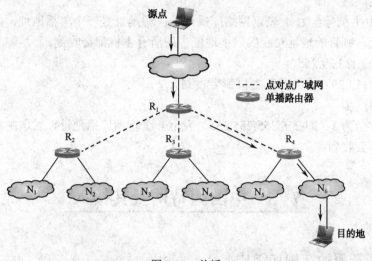

图 7.33 单播

2. 多播

在多播通信中，有一个源点和一组终点，是一对多的关系。源地址是一个单播地址，而目的地址则是一个组地址。标准 IP 地址中的 D 类地址是组地址，它不分配给某个主机，而是用于建立组。

加入了组的主机就是组的成员，除了有一个 IP 地址外，还有一个组地址。发送到这个组的信息，这个组的所有成员都会收到，如图 7.34 所示。

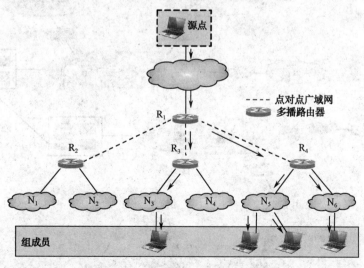

图 7.34 多播

3. 广播

（1）指定网络广播

IP 地址中主机号全为 1 表示网络广播地址。源地址是一个单播地址，而目的地址是一个广播地址，则目的地址对应的网络地址中的所有主机都会收到。

例如：202.113.29.255

网络 202.113.29.0 中的所有主机都会收到。

（2）本网广播

目的地址全为 1（即 255.255.255.255）表示一个本网广播地址，发送主机所在的网络的所有主机都会收到。

7.5 中国因特网及其接入

7.5.1 因特网的结构和组成

因特网是由许多局域网、城域网和广域网通过路由器互联起来的庞大而且复杂的计算机网络。但我们可以简单地将其看成一个具有三层结构的大规模网络，如图 7.35 所示。

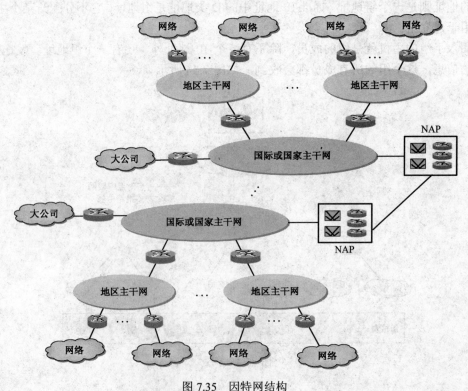

图 7.35 因特网结构

国内的因特网骨干互联网络包括中国公用计算机互联网、宽带中国 CHINA169 网、中国科技网、中国教育和科研计算机网、中国移动互联网、中国联通互联网、中国铁通互联网、中国国际经济贸易互联网。中国教育和科研计算机网（CERNET）是由国家投资建设，教育部负责管理，清华大学等高等学校承担建设和管理运行的全国学术性计算机互联网络。它主要面向教育和科研单位，是全国最大的公益性互联网络。

CERNET 分 4 级管理，分别是全国网络中心、地区网络中心和地区主节点、省教育科研网、校园网。CERNET 省级节点设在 36 个城市的 38 所大学，分布于除中国台湾外的所有省、市、自治区。CERNET 已经与美国、加拿大、英国、德国、日本等国家或地区联网。CERNET 网络结构如图 7.36 所示。

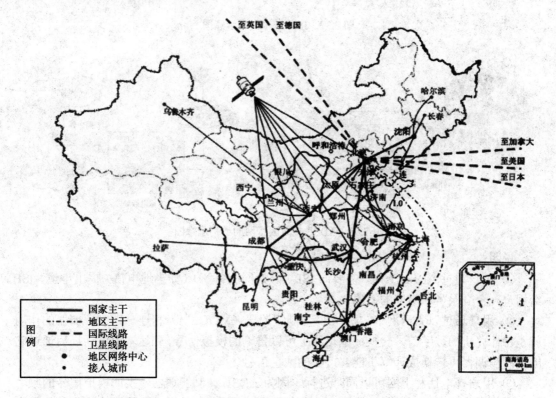

图 7.36　CERNET 网络结构

7.5.2　因特网的接入

用户接入可以分为家庭接入、校园接入、机关与企业接入。接入技术可以分为有线接入与无线接入两大类。图 7.37 为接入技术类型示意图。

1．ADSL 接入技术

非对称数字用户线（ADSL）是一种利用电话线接入因特网的技术，图 7.38 为家庭使用 ADSL 接入因特网的结构示意图。

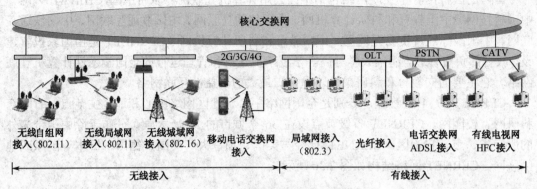

图 7.37 接入技术类型示意图

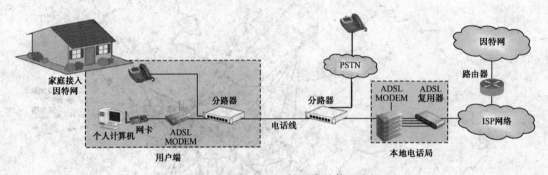

图 7.38 ADSL 接入因特网的结构示意图

说明：

① 用户通过 ADSL 上网，需要向 ISP（因特网服务商）（如当地电信）提出申请，ISP 给用户一个登录号和对应的密码。

② 用户通过以太网网卡与 ADSL 调制解调器（MODEM）相连。调制解调器的作用就是将计算机的数字信号转换成电话线上可以传输的模拟信号。到达本地电话局后通过它的调制解调器再转换成计算机能够接收的数字信号。

③ 用户打电话和上网可以同时进行，因为 ADSL 调制解调器转换成模拟信号的频率与电话信号的频率不同，所以它们互相没有影响。在用户端，通过分路器将这两种信号合在一起，在本地电话局再通过分路器把这两种信号分开。电话信号送至电话网（PSTN），上网的模拟信号送至 ADSL 调制解调器。

④ 因为 ISP 同时需要连接许多用户，需要采用 ADSL 复用器，将 ISP 网络信息发送给多个用户，同时接收多个用户发送的信息。

⑤ 因为 ADSL 技术是非对称的，所以用户上网时，下载速度要比上传速度高不少，具体速度取决于 ISP 给用户的承诺。

⑥ 当用户拨号接入 ISP 后，就建立了一条从用户主机到 ISP 的物理连接。ISP 给接入的用户主机分配一个临时的 IP 地址。这样，用户 PC 就成为因特网上一个有 IP 地址的主机了。当用户上网结束后，释放网络连接，ISP 收回原来分配出去的 IP 地址。

2. HFC（有线电视）接入

HFC 技术的本质是用光纤取代有线电视网络中的干线同轴电缆，光纤接到居民小区的光纤节点之后，小区内部接入用户家庭仍然使用同轴电缆，然后 Cable MODEM 分别连接电视机和计算机。因为传输电视节目与传输计算机数据采用不同的频率。这样，在保证正常电视节目播放与交互式视频点播节目服务的同时，为家庭用户接入因特网提供服务。图 7.39 为 HFC 的结构示意图。

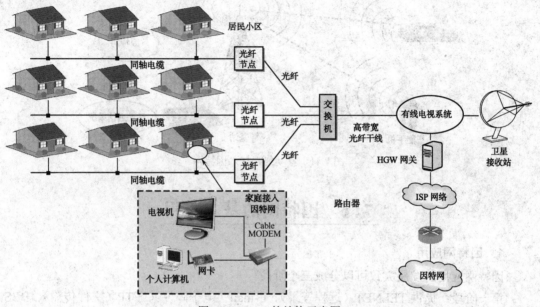

图 7.39 HFC 的结构示意图

3. 光纤接入

目前，我国已经推广光纤入户工程，中国电信已经采用宽带路由连接计算机和电话，传统的电话线已经失去作用。家庭或小单位可以直接组建一个局域网，并通过光纤接入因特网，如图 7.40 所示。

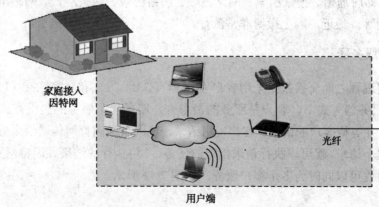

图 7.40 光纤入户

4. 移动终端接入

移动终端可以分为车载移动台和手持移动台。手机就是目前最常用的便携式移动台，基站一端通过空中接口与手机通信，另一端接入移动通信系统之中。移动通信系统通过网关接入因特网，如图 7.41 所示。

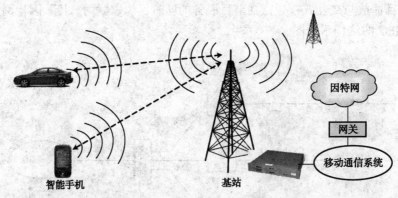

图 7.41　移动终端接入因特网

7.6　因特网的基本应用

1. 因特网应用

因特网应用的发展大致可以分成三个阶段。

第一阶段：提供 TELNET（远程登录）、E-mail（电子邮件）、FTP（文件传输）、BBS（电子公告牌）与 Usenet（网络新闻组）等基本的网络服务功能。

第二阶段：Web 技术的出现，以及基于 Web 技术的电子政务、电子商务、远程医疗与远程教育应用的快速发展。

第三阶段：P2P 网络应用将因特网应用推向一个新的阶段。在基于 Web 应用的基础上，出现了一批基于对等结构的 P2P 网络新应用。这些新的应用主要有网络电话、网络电视、博客、播客、即时通信、搜索引擎、网络视频、网络游戏、网络广告、网络出版、网络存储与网络地图等。最近，网上微博非常流行。

2. 客户/服务器

网络应用进程之间交换数据采用客户/服务器（C/S）方式和对等连接（P2P）方式。

在客户/服务器方式下，客户是服务的请求方，服务器是服务的提供方。服务器应处于守候状态，并等待客户的请求。客户发出请求，该请求经因特网传送给服务器。一旦服务器接收到这个请求，就可以执行请求指定的任务，并将执行的结果经因特网回送给客户。一个服务器进程可以同时为多个客户服务，如图 7.42 所示。

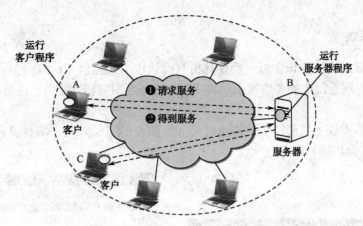

图 7.42　客户/服务器工作方式

7.6.1　域名系统：DNS

在因特网中，IP 地址用 4 个十进制整数虽然比直接采用 32 位二进制要容易读/写，但用户使用的 IP 地址很多，仍然不容易记忆。所以采用名字标识主机。

1. 域名结构

主机名字标识需要遵循因特网域名结构。图 7.43 列举了因特网域名结构中的一部分。

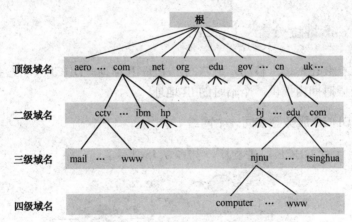

图 7.43　因特网域名结构中的一部分

图 7.43 中，根下面的为顶级域（第一级），顶级域的管理权分派给指定管理机构，管理机构对其管理的域可以继续进行划分，即划分成二级域。如此下去，便形成了层次型域名结构。

例如，顶级域名 cn 由中国互联网络信息中心（CNNIC）管理，它将 cn 域划分成多个子域，并将二级域名 edu 的管理权授予 CERNET 网络中心。CERNET 网络中心又将 edu 域划分成多个子域，即三级域，各大学和教育机构均可以在 edu 下向 CERNET 网络中心注册三级域名。

例如，www.njnu.edu.cn 为南京师范大学信息服务主机。

2. 域名系统

人们喜欢采用名字标识主机，而计算机只能认识 IP 地址，因此域名系统（DNS）就诞生了。在因特网上对应的各级域名结构中，均有域名服务器，其中存放着标识主机对应的 IP 地址数据库。

这样，网络中的主机通过域名浏览网站（见图 7.44（a））时，需要设置自己的 DNS 服务器，如图 7.44（b）所示。

（a）通过域名浏览网站　　　　　　（b）网络连接属性

图 7.44　设置自己的 DNS 服务器

7.6.2　动态 IP 地址分配：DHCP

有些网络主机会在网络上移动，无法固定主机 IP 地址。DHCP（动态主机配置协议）服务器可以在有限时间内提供一个临时的 IP 地址。

1. 客户和 DHCP 服务器在同一个网络

在路由器上运行 DHCP 服务程序，如图 7.45 所示。

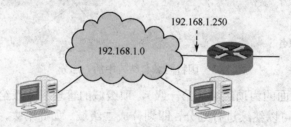

图 7.45　本网路由器提供 DHCP 服务

① 主机 IP 地址设置：设置成自动获得 IP 地址，如图 7.46 所示。
② DHCP 服务器设置（见图 7.47）：
启用 DHCP 服务器。
IP 地址池：IP 地址池首地址—IP 地址池末地址。

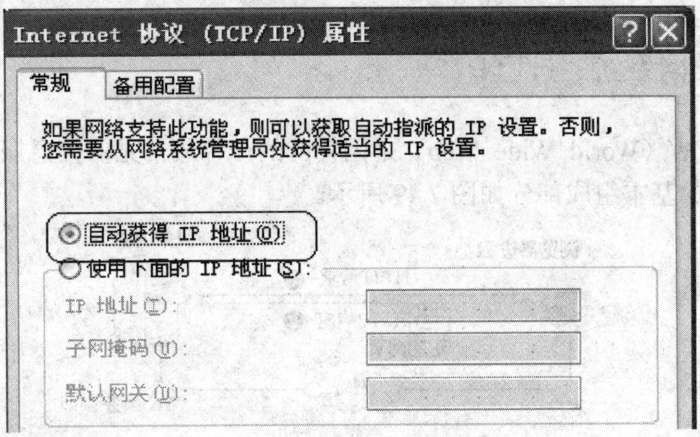

图 7.46　主机 IP 地址设置

图 7.47　DHCP 服务器设置

2. 客户和服务器不在同一个网络

如果主机和 DHCP 服务器不在同一个网络中，可以通过 DHCP 中继代理转发，如图 7.48 所示。

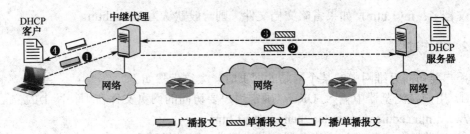

图 7.48　客户和服务器在不同的网络中

操作步骤如下。

① 主机（DHCP 客户）向中继代理广播 DHCP 请求。

② 中继代理收到后，发送给 DHCP 服务器。

③ DHCP 服务器向中继代理回答 DHCP。

④ 中继代理发送给主机（DHCP 客户）。

7.6.3 万维网系统：HTTP

万维网 WWW（World Wide Web）是因特网的一种最常见的信息服务，英文简称为 Web。Web 服务的基本组成部分如图 7.49 所示。

图 7.49 Web 服务的基本组成部分

目前最流行的浏览器是微软公司的 Internet Explorer。

1. URL

统一资源定位器（URL）是因特网上标准的资源地址，一个 URL 包括服务协议、服务器地址、服务器端口号、文档在服务器的路径和文档文件名称。

格式：

<协议>：//<服务器地址>：<端口>/<路径>/文件名

例如：http://www.njnu.edu.cn/computer/zhengaq/my1.htm

使用的协议：http

服务器地址：www.njnu.edu.cn

端口：服务程序编号，http 服务程序端口号为 80。

路径：/computer/zhengaq，表示信息文件所在的虚拟根目录下的 computer/zhengaq 目录。

文档名：my1.htm，如果省略文档文件，则一般默认为 index.htm。

2. 工作过程

用户要访问万维网中的某个网站的网页时，大致步骤如下。

① 用户在浏览器中输入 URL，确定用户要访问的网页文件在因特网上的位置，如 http://www.njnu.edu.cn/computer/zhengaq/my1.htm。

② 浏览器向 DNS（域名服务器）发出请求，要求把域名"www.njnu.edu.cn"转化为对应的 IP 地址。DNS 进行查询后，向浏览器发出 IP 地址应答。

③ 浏览器向对应 IP 地址指定的 Web 服务器请求 URL 位置网页。

④ Web 服务器向浏览器回送网页文件，浏览器显示网页内容。

7.6.4 因特网邮件系统：SMTP

一个电子邮件系统的主要构件有用户代理、邮件服务器、邮件发送协议（如 SMTP）和邮件读取协议（如 POP3）。

1. 用户代理

用户代理（UA）是电子邮件客户端软件，通过向用户提供一个很友好的接口来发送和接收邮件。用户代理功能包括给用户提供编辑信件、发送和接收邮件、显示来信的内容、处理邮件（如删除、存盘、打印、转发等），同时还需要具有回复和转发报文等功能。

基于图形用户界面（Graphical User Interface，GUI）的用户代理的一些例子包括Eudora、Outlook、Netscape 等。微软公司的 Outlook Express 是很受欢迎的电子邮件用户代理。

2. 邮件服务器

邮件服务器的功能是发送和接收邮件，同时还要向发件人报告邮件传输的结果（如已交付、被拒绝、丢失等）。邮件服务器按照客户/服务器方式工作。

因特网上有许多邮件服务器可供用户选用（有些要收取少量的邮箱费用）。邮件服务器 24 小时不间断地工作，并且具有很大容量的邮件信箱。

3. 邮件发送协议和邮件读取协议

图 7.50 为主机之间发送和接收电子邮件的几个重要步骤。

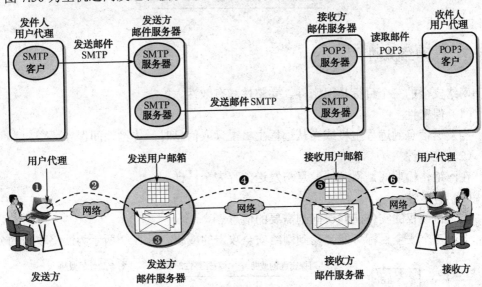

图 7.50　主机之间发送和接收电子邮件的重要步骤

① 发件人采用用户代理撰写和编辑要发送的邮件。
② 发件人用户代理将邮件用 SMTP 协议发给发送方邮件服务器。
③ 发送方邮件服务器将邮件临时存放在邮件发送队列中等待发送。
④ 发送方邮件服务器将邮件队列中的邮件发送给接收方邮件服务器。
⑤ 接收方邮件服务器收到邮件后，放入收件人的用户邮箱中，等待收件人读取。
⑥ 收件人通过用户代理，使用协议（POP3 或 IMAP）到自己的主机中读取邮件。

4. 基于万维网的邮件

用户可以使用万维网服务器发送邮件和接收邮件，如图 7.51 所示。

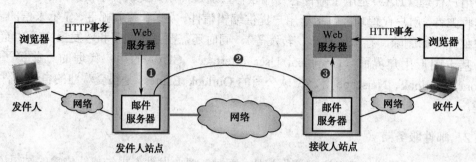

图 7.51　基于万维网的邮件传输

发件人通过在网页上交互编辑邮件，存放到发件人 Web 服务器，发件人 Web 服务器将邮件传给发件人邮件服务器，发件人邮件服务器使用 SMTP 协议将它发送到收件人邮件服务器，收件人邮件服务器传给收件人 Web 服务器，收件人通过网页读取邮件。

7.7　网 络 安 全

7.7.1　网络威胁

网络安全的三个目标是保密性、完整性和有效性。
（1）保密性
当发送信息到远程主机或当从远程主机上读取信息时，传输期间保守秘密。
（2）完整性
在网络传输期间，得到的信息与发送内容完全一样。
（3）有效性
必须让授权的实体能够访问到需要的信息。
上述三个安全目标可能会受到网络安全攻击的威胁。图 7.52 所示为网络攻击的分类。

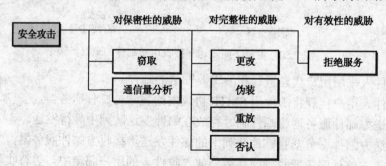

图 7.52　与安全目标关联的网络攻击分类

7.7.2 报文保密性

报文保密性通过对报文加密实现,报文加密包括对称密钥密码体制和不对称密钥密码体制。

1. 对称密钥密码体制

所谓对称密钥密码体制,即加密密钥与解密密钥采用相同的密码体制,如图 7.53 所示。

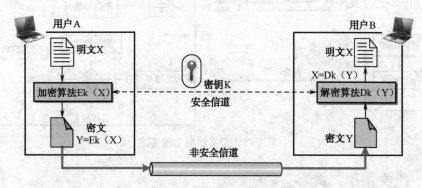

图 7.53 对称密钥密码体制

从用户 A 到用户 B 的原始报文称为明文 X,通过加密算法 Ek(X)和安全信道共享密钥 K(一组数字),从明文 X 中产生密文 Y,通过一条非安全信道向 B 发送密文 Y;B 要使用解密算法 Dk(Y)和相同的密钥 K 对密文 Y 解密从而还原成明文 X。

DES 是对称密钥密码体制,作为数据加密标准。

2. 不对称密钥密码体制

不对称密钥密码体制使用了两个独立的密钥:一个私钥和一个公钥。用户 A 采用用户 B 的公钥加密报文,用户 B 采用自己的私钥解密报文,如图 7.54 所示。

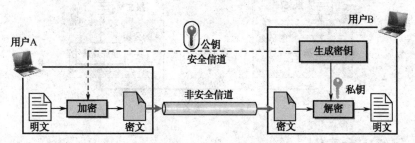

图 7.54 不对称密钥密码体制

其中,私钥保密,公钥公开。

由 Rivest、Shamir 和 Adleman 发明的 RSA 公钥算法是最常见的不对称密钥密码体制。

7.7.3 报文完整性

为了保护一个报文的完整性,可为报文生成一个摘要。用户 A 将报文和该报文的摘要一起发送;用户 B 对收到的报文生成摘要,与收到的摘要进行对比。如果这两个摘要相同,那么就可以肯定报文没有被改动过,如图 7.55 所示。

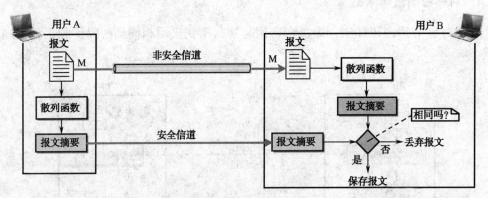

图 7.55　报文和报文摘要

7.7.4 报文鉴别:数字签名

一个人在文档上签名是为了表明这份文档是由他撰写或者经他批准的。这个签名对接收者来说就是一个证据,说明该文档来自于正确的实体。报文鉴别可以采用数字签名。

发送者 A 使用自己的私人密钥签署报文,该报文和签名被发送给接收者;接收者 B 收到报文和签名,并用签署人 A 的公钥进行验证。如果结果为真,则该报文被接收;否则被拒绝。

图 7.56 所示为数字签名的过程。

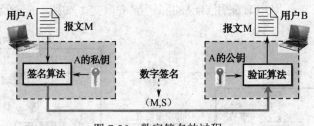

图 7.56　数字签名的过程

7.7.5 网络安全实例

使用如 https://...这样的 URL,以取代 http://...,网页内容就会进行安全包装,这样网页内容能够安全地通过因特网传输。如用户名、密码加密传输,如图 7.57 所示。

类似网上购物者的信用卡号这些网页,网上安全传输特别重要。

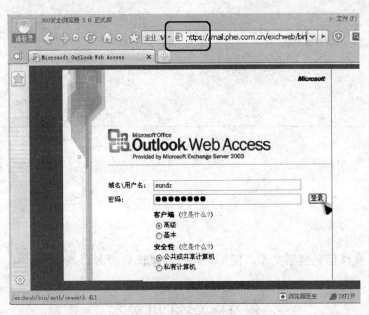

图 7.57 加密传输网页

类似地，如果电子邮件的内容需要加密，在进行登录时可以进行选择，如图 7.58 所示。

SSL 是一种加密传输方案。

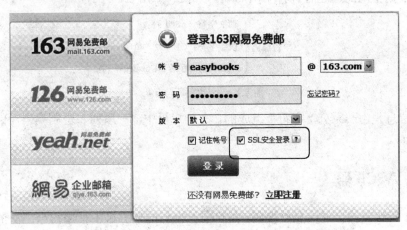

图 7.58 加密传输电子邮件

第 8 章

多 媒 体

计算机多媒体信息包括文本、图形、图像、动画、声音、视频等。

8.1 字符和文本

日常生活中经常使用字符（character），常用的字符包括西文字符和汉字等。此外，世界上还有许多其他的文字或符号。为了在计算机中表达这些字符，需要对字符进行二进制编码。根据不同的用途有各种不同的编码方案，如图 8.1 所示。

字符编码 { 西文字符：ASCII 码 / 汉字字符：GB2312—80 / 全世界所有字符：Unicode 码

图 8.1 不同的编码方案

文字信息是由一系列"字符"组成的。在计算机中，一系列二进制编码后的字符称为文本（Text）。

8.1.1 ASCII 码

ASCII 码即美国标准信息交换码，是目前全世界的计算机中使用得最广泛的西文字符集编码。

西文字符集由拉丁字母、数字、标点符号及一些特殊符号组成。用二进制表示的 ASCII 码如表 8.1 所示。

表 8.1 标准 ASCII 码表

高位 低位	000	001	010	011	100	101	110	111
0000	NUL	DLE	SP	0	@	P		p
0001	SOH	DC1	!	1	A	Q	a	q
0010	STX	DC2	"	2	B	R	b	r

续表

高位 低位	000	001	010	011	100	101	110	111
0011	ETX	DC3	#	3	C	S	c	s
0100	EOT	DC4	$	4	D	T	d	t
0101	ENQ	NAK	%	5	E	U	e	u
0110	ACK	SYN	&	6	F	V	f	v
0111	BEL	ETB	'	7	G	W	g	w
1000	BS	CAN	(	8	H	X	h	x
1001	HT	EM	)	9	I	Y	i	y
1010	LF	SUB	*	:	J	Z	j	z
1011	VT	ESC	+	;	K	[	k	{
1100	FF	FS	,	<	L	\	l	|
1101	CR	GS	-	=	M	]	m	}
1110	SO	RS	.	>	N	^	n	~
1111	SI	US	/	?	O	_	o	DEL

标准 ASCII 码用 7 位二进制数编码,它可以表示 128(即 2^7)个字符,称为 ISO646 标准,可分为控制字符和可打印字符。

1. 控制字符

在标准 ASCII 码表中,00H~1FH 部分属于控制字符,共 33 个,主要用于通信控制或对计算机设备的控制。

例如,NUL(NULL)为空字符,BEL(BELL)为响铃,LF(Line Feed)为换行,FF(Form Feed)为换页,CR(Carriage Return)为回车。

2. 可打印字符

在标准 ASCII 码表中,20H~7EH 部分属于可打印字符,共 95 个。部分可打印字符编码如表 8.2 所示。

表 8.2 部分可打印字符编码

字符	二进制 ASCII 码	十六进制 ASCII 码	十进制 ASCII 码
0	0110000B	30H	48D
A	1000001B	41H	65D
a	1100001B	61H	97D
空格	0100000B	20H	32D

在计算机内部,以 8 位二进制位(称为一个字节)存放一个字符,ASCII 码仅需要 7

位，每个字节空出的**最高位为0**。

例如，字符"A"对应的ASCII码"1000001"在计算机中表示如下：

| 0 | 1 | 0 | 0 | 0 | 0 | 0 | 1 |

【例8.1】 写出"Hello World!"所对应的二进制编码。

根据ASCII码表可知，"Hello World!"所对应的二进制编码如下：

<u>01001000</u> <u>01100101</u> <u>01101100</u> <u>01101100</u> <u>01101111</u> <u>00100000</u> <u>01010111</u> <u>01101111</u>
  H   e   l   l   o   空格 W   o

<u>01110010</u> <u>01101100</u> <u>01100100</u> <u>00100001</u>
  r   l   d   !

8.1.2 汉字编码

1. 区位码

1981年，我国颁布信息交换汉字编码的第一个国家标准，称为GB2312—80。

字符集由如下三部分组成。

① 字母、数字和各种符号，包括拉丁字母、俄文、日文平假名与片假名、希腊字母、汉语拼音等，共682个。

② 一级常用汉字，共3 755个，按汉语拼音排列。

③ 二级常用汉字，共3 008个，按偏旁部首排列。

GB2312—80字符集构成一个二维码表，它分成94行和94列，行号称为区号，列号称为位号，如图8.2所示。

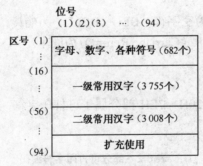

图8.2 GB2312—80字符集

GB2312—80字符集的每个汉字或符号在码表中都有各自的位置，即所在的区号及位号。用区号及位号组合在一起的编码就是该汉字区位码。

例如，GB2312—80字符集第01区和第54区字符如图8.3所示。

例如，"中"字的区号是54，位号是48，区位码是（54，48），用十六进制表示为（36H，30H）。

2. 汉字内码

汉字内码是计算机内部对汉字进行存储、处理和传输的汉字代码。

汉字在计算机中需要分别存放区号和位号。因为区号和位号的范围为 1～94，所以需要分别用 7 位二进制分别存放区号和位号。

第01区

	0	1	2	3	4	5	6	7	8	9
0			、	。	?	ˉ	ˇ	¨	〃	々
1	?	～	‖	…	‘	’	“	”	〔	〕
2	〈	〉	《	》	「	」	『	』	〖	〗
3	【	】	±	×	÷	∶	∧	∨	∑	∏
4	∪	∩		∷	√	⊥	∥	∠	⌒	⊙
5	∫	∮	≡	≌	≈	∽	∝	≠	≮	≯
6	≤	≥	∞	∵	∴	♂	♀	°	′	″
7	℃	＄	¤	￠	￡	‰	§	№	☆	★
8	○	●	◎	◇	◆	□	■	△	▲	※
9	→	←	↑	↓	〓					

第54区

	0	1	2	3	4	5	6	7	8	9
0		帧	症	郑	证	芝	枝	支	吱	蜘
1	知	肢	脂	汁	之	织	职	直	植	殖
2	执	值	侄	址	指	止	趾	只	旨	纸
3	志	挚	掷	至	致	置	帜	峙	制	智
4	秩	稚	质	炙	痔	滞	治	窒	中	盅
5	忠	钟	衷	终	种	肿	重	仲	众	舟
6	周	州	洲	诌	粥	轴	肘	帚	咒	皱
7	宙	昼	骤	珠	株	蛛	朱	猪	诸	诛
8	逐	竹	烛	煮	柱	瞩	嘱	主	著	柱
9	助	蛀	贮	铸	筑					

图 8.3 GB2312—80 字符集第 01 区和第 54 区字符

为了与西文字符共存，汉字内码不能与 ASCII 码冲突。因为 ASCII 码用一个字节表示，最高位为 0；汉字内码用 2 个字节表示，每个字节的最高位为 1。同时，为了与 ASCII 码中可打印字符位置表达一致，在区号和位号上需要分别加上 32（即 20H），即

ASCII 码：

0	

GB2312 汉字内码：

1		1	

即汉字内码 =（区号+20H+80H，位号+20H+80H）

目前计算机中 GB2312—80 汉字内码的表示都是这种方式。

例如，“中”汉字内码是（36H+20H+80，30H+20H+80），用二进制计算：

3630H：00110110 00110000

2020H：00100000 00100000

8080H：10000000 10000000

D6D0H：11010110 11010000

【例 8.2】 “腾讯 QQ 2011 版。”的二进制编码如下：

1100110011011010	1101000110110110	01010001	01010001	00100000	00110010
腾	讯	Q	Q	空格	2

<u>00110000</u> <u>00110001</u> <u>00110001</u>   <u>1011000011100110</u> <u>1010000110100011</u>
  0   1   1   版   。

这段编码共占 75 个字节,其中有西文字符(ASCII 码),也有汉字(汉字内码)。计算机通过每个字节的最高位是 0 还是 1 区分它们。

8.1.3 Unicode 码

1. 汉字内码:GBK

GB2312 编码汉字太少,缺少繁体字,无法满足人名、地名、古籍整理、古典文献研究等应用的需要。于是在 1995 年推出了"汉字内码扩充规范",称为 GBK 标准,它在 GB2312 的基础上增加了大量的汉字(包括繁体字)和符号,共 21 003 个汉字和 883 个图形符号。GB2312 中的字符仍然采用原来的编码,仅仅对新增加的符号和汉字进行另外编码。GBK 汉字内码也使用双字节表示,但仅第 1 字节最高位为"1",即

GBK 汉字内码:

1	1/0

2. UCS/Unicode

为了实现全球数以千计的不同语言文字的统一编码,ISO 将全球所有文字字母和符号集中在一个字符集中进行统一编码(目前共收集了 17×65 536=1 114 112 个),称为 UCS/Unicode。

UCS/Unicode 有如下两种常用编码方案。

(1)**Unicode:UTF-8** 单字节可变长编码

单字节:ASCII 字符

双字节:拉丁、希腊、阿拉伯……

三字节:中、日、韩统一整理出来的,约 7 万个汉字(称为 CJK 汉字)

四字节:其他

主要应用于 Linux、Web 网页、电子邮件等方面。

(2)**Unicode:UTF-16** 双字节可变长编码

双字节:ASCII 字符、拉丁、希腊、阿拉伯、常用 CJK 汉字……

四字节:非常用 CJK 汉字

主要应用于 Windows、Mac、Java 等方面。

3. GB18030 汉字编码标准

无论是 Unicode 的 UTF-8 还是 UTF-16,其 CJK 汉字字符集虽然覆盖了我国已使用多年的 GB2312 和 GBK 标准中的汉字,但它们的编码并不相同。为了既能与 UCS/Unicode 编码标准接轨,又能保护我国已有的大量汉字信息资源,我国在 2000 年和 2005 年两次发布了 GB18030 汉字编码国家标准。

GB18030 实质上是 UCS/Unicode 字符集的另一种编码方案。

单字节编码：表示标准 ASCII 字符，共 128 个。

双字节编码：表示汉字，共 23 940 个，与 GBK 保持向下兼容。

四字节编码：约 158 万个，用于表示 UCS/Unicode 中的其他字符。

GB18030 目前已在我国信息处理产品中强制贯彻执行。

例如，"南京大学 1234ABCD"的三种表示如图 8.4 所示。

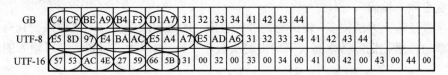

图 8.4　编码表示

用户也可以选择系统采用的编码。如图 8.5 所示为 IE 浏览器中的编码。

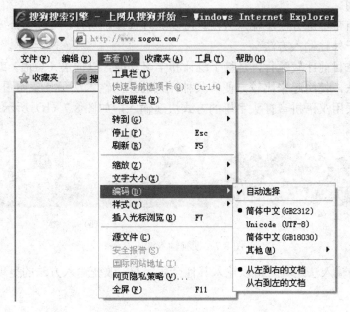

图 8.5　IE 浏览器中的编码

8.1.4　文本输入

将文本符号输入计算机的方法很多，如图 8.6 所示。

图 8.6　文本符号输入方法

但不管采用什么输入方法,存储在计算机中的机内码都是一样的。例如,如果采用 GB18030 编码,"南"的机内码是 C4CFH。

1. 键盘输入

汉字与键盘上的键无法一一对应,因此必须使用几个键来表示一个汉字,这就称为汉字的"键盘输入编码"。

汉字键盘输入方法很多,但流行的非常有限。优秀的汉字键盘输入编码应具有下列特点:易学习、易记忆;效率高(平均击键次数较少);重码少;容量大(可输入的汉字字数多)。

其中,拼音输入方法简单、易记忆,但重码多。采用拼音词组可以加快输入速度。目前流行的搜狗输入法属于这种类型。五笔字型输入方法重码少,但不易记忆,比较适合专业打字人员使用。

操作系统自带了部分汉字输入方法,可以随时选择。同时,可以另外安装汉字输入方法,搜狗就属于外挂输入方法。

搜狗输入法目前比较流行,是基于统计和学习功能,以词语(短语)或句子作为输入单位的输入方法,使用起来比较方便。某种样式的搜狗输入法工具条如图 8.7(a)所示,输入词组时可采用汉语拼音打头字母的方式快速输入,如图 8.7(b)所示。

(a)　　　　　　　　　　　(b)

图 8.7　搜狗输入法工具条

另外,搜狗输入法还具有可以输入其他全角字符、改变输入方法的呈现方法和色彩等功能。

2. 联机手写输入

用手写输入法输入比较简单,可使输入设备小型化,适合移动计算,但对书写有一定要求。目前,手写输入均具有联想功能。如图 8.8 所示为用 iPhone 手写输入短信内容。

3. 语音输入

语音输入就是人对着麦克风说话,即完成汉字输入。语音输入自然、方便,适合移动计算,但对说话人、说话方式有一定限制,识别速度和正确性还需大大提高。目前,IBM 开发的 ViaVoice 是一种比较流行的语音输入系统,其工作界面如图 8.9 所示。

图 8.8　iPhone 手写输入

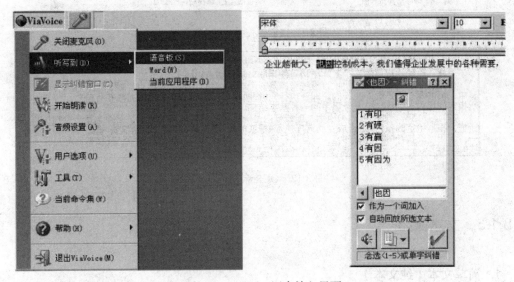

图 8.9　ViaVoice 语音输入界面

4. 印刷体识别

印刷体识别就是把纸介质文本由扫描仪变成图像，然后通过印刷体识别软件，在图像上选择识别范围后进行自动识别，把生成的文本复制后粘贴到指定位置。这种软件称为 OCR，识别率已达到 98%。OCR 的基本工作过程如图 8.10 所示。

【例 8.3】　利用 OCR 输入教材某一页的内容。

① 纸介质文本由扫描仪变成图像，在图像上选择识别范围，如图 8.11 所示。

② OCR 自动识别，生成的文本如图 8.12 所示。

图 8.10　印刷体识别过程

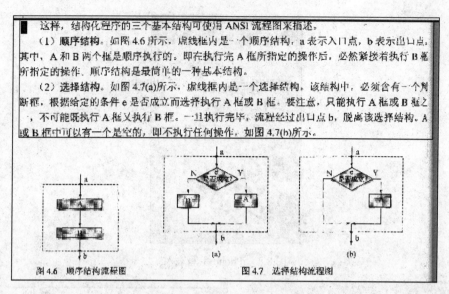

图 8.11　OCR 扫描后选择

图 8.12　OCR 自动识别

8.1.5　文本类型

1. 简单文本（纯文本）

简单文本由一串字符代码组成，没有字体、字号的变化，无图片和表格，其文件扩展名是 txt。

例如，可在 Windows 记事本中输入简单文本，如图 8.13 所示。

图 8.13　在记事本中输入简单文本

图 8.13 中所输入的文本在计算机中的表示如下：

C4CF BEA9 B4F3 D1A7 28 4E 61 6E 6A 69 6E 67　20　55 6E 69 76 65 72 73 69 74 79 29
南　京　大　学　（　N a n j i n g　空格 U n i v e r s i t y　）

2. 丰富格式文本

设置了段落和页面排版格式的文本称为"丰富格式文本"。

在丰富格式文本中，除了正文内容之外，还使用了许多"标记"来描述字符的属性和格式。

【例8.4】 网页中的格式文本。

```
<font face="黑体" size=6>南京大学</font>
<font face="Arial Black" size=4>（Nanjing University）</font>
```

其中，face 控制字体；size 控制字体大小。

显示结果如图 8.14 所示。

南京大学 (Nanjing University)

图 8.14　网页格式文本显示结果

3. 超文本

网页文件除了能够描述丰富格式文本外，还可以包含表格、图像、声音、视频等多媒体信息，以及链接到另一个网页，称为超链接，如图 8.15 所示。这些信息仍然可以用文本描述，称为超文本。

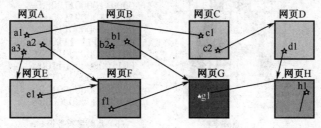

图 8.15　网页文件超链接

【例8.5】 网页中的超文本。

```
<a href="http:\\www.njnu.edu.cn">
<font face="黑体" size=6>南京师范大学</font>
<font face="Arial Black" size=4>（Nanjing Normal University）</font>
</a>
</p><image src=njnu.jpg>
```

显示结果如图 8.16 所示。

图 8.16　超文本

8.1.6　字符字体和字形生成

字符（包括汉字）的描述包括点阵描述和轮廓描述。

1. 字符点阵描述

字符点阵描述如图 8.17 所示。

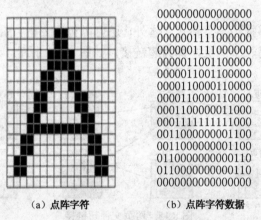

```
0000000000000000
0000000110000000
0000001111000000
0000001111000000
0000011001100000
0000011001100000
0000110000110000
0000110000110000
0001100000011000
0001111111111000
0011000000001100
0011000000001100
0110000000000110
0110000000000110
0000000000000000
```

（a）点阵字符　　　　　（b）点阵字符数据

图 8.17　字符点阵描述

其中，"1"表示有点，"0"表示没有点。占用的存储空间为（16×16）÷8=32 字节。

把所有可显示（打印）的 ASCII 字符和汉字存放在一个文件中就形成了字库文件。如果需要各种字体，那么一个字体形成一个文件。例如：

宋体点阵字库文件：STZK16

黑体点阵字库文件：HTZK16

楷体点阵字库文件：KTZK16

要使所显示的字符更美观，可以加大字符点阵，如 24×24、32×32。

实际显示时，要先根据字符（汉字）编码到点阵字库文件中找对应的字库数据，然后控制显示。文字点阵显示应用非常普遍，如公共场所叫号显示、大屏广告等，如图 8.18 所示。

图 8.18 控制显示

2. 字符轮廓描述

（1）字符轮廓原理

字符轮廓描述采用字符轮廓的转折点为特征描述字符，又称矢量字体，如图 8.19（a）所示。把描述的所有字符和汉字的矢量字体数据保存到称为字库的文件中。

Windows TrueType 字体是微软公司和苹果公司共同推出的一种矢量字体，由一系列直线、二次贝塞尔曲线和三次贝塞尔曲线组成，具有无级缩放而不失真的优点。如图 8.19（b）所示为两种矢量字体。

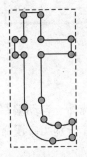 

（a）矢量字体描述　　　　　　（b）　某种字符和某种汉字的矢量字体

图 8.19 矢量字体

（2）Windows 对字体的管理

在 Windows 操作系统中，一般在 C:\WINDOWS\Fonts 文件夹下存放系统所有的字体库，如图 8.20 所示。

如果感觉自己的计算机的字体不够丰富，可以到网络中下载字库后，复制到该文件夹下。

8.1.7 文本处理

1. 文本处理软件

丰富格式文本除了对文本进行格式控制外，还可以描述表格、图形、图像、声音、视频、动画等。Word、FrontPage、Adobe Acrobat 等软件都可以编辑丰富格式文本，对应的文件扩展名为 doc、html、pdf 等。其中 doc 为 word 文件、html 为网页文件、pdf 一般为只读型电子文档文件。

图 8.20　Windows 字体库

2. 文本处理基本功能

文本处理功能很多，包括格式控制、英文拼写检查、字数统计、自动编写摘要、中文简繁体转换和术语转换、中英词语翻译、语法和格式检查、语音识别（口授命令和听写）、文档保护（防止打开或修改文档）等。

3. 电子书阅读器

电子书阅读器是一种专门用于阅读各种电子文档（如.txt、.doc、.html、.pdf等格式）的专用硬件设备，采用电子墨水显示屏，被动发光，耗电极少，持续工作时间很长（1个月以上），阅读效果接近纸质图书，轻薄，便于携带，颇有发展前景。图 8.21 所示为某两款电子书阅读器。

图 8.21　电子书阅读器

8.2 计算机图像

图像获取主要通过对已有图像的数字化和计算机图像处理软件创作产生。图像的数字化可以通过扫描仪、数码相机等工具完成。

8.2.1 颜色表示

色彩模型是指彩色图像所使用的颜色描述方法，又称颜色模型。颜色模型有很多种，主要包括 RGB 模型、HSB 模型、CMYK 模型和 YUV 模型。

1. RGB 模型

自然界常见的各种颜色都可以由红（R）、绿（G）、蓝（B）三种颜色按照不同比例相配而成，如图 8.22 所示。这就是三基色原理。

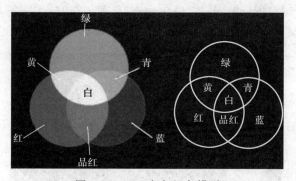

图 8.22　RGB 相加混色模型

把彩色图片输入计算机的彩色扫描仪的过程就是把一幅彩色图片分解成 R、G、B 三种基色，然后转换为图片文件。

2. HSB 模型

从人的视觉系统看，色彩可用色调（Hue）、亮度（Lightness）和饱和度（Saturation）来描述。色调是物体在日光照射下，所反射的光谱成分作用到人眼的综合效果，它反映颜色的种类，是决定颜色的基本特性；亮度是指光作用于人眼时所引起的明亮程度的感觉，是指色彩明暗深浅的程度；饱和度是指颜色的纯度，即掺入白光的程度。

人眼看到的所有彩色光都是这三个特性的综合效果，调整这些参数后对图片产生的效果如图 8.23 所示。调整电视机的色彩也是使用这三个参数。

这三个特性被称为色彩的三要素。

（a）增加对比度　　（b）降低对比度　　（c）增加亮度　　（d）降低亮度

图 8.23　对比度、亮度调整

3. CMYK 模型

从理论上讲，印刷彩色图像时需要采用 CMY 模型。因为色彩的产生不直接来自于光线的色彩，而由照射在颜料上反射回来的光线产生。颜料会吸收一部分光线（"减去"光），而未吸收的光线会反射出来，成为视觉判定颜色的依据，所以称这种色彩的产生方式为减色法。所有的颜料都加入后才能成为纯黑，当颜料减少时才开始出现色彩，颜料全部除去后才成为白色。

CMY 模型采用青（Cyan）、品红（Magenta）、黄（Yellow）三种基本颜色按一定比例合成颜色（见图 8.24）。

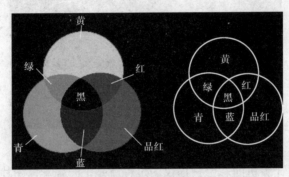

图 8.24　CMY 模型

虽然理论上利用 CMY 三原色混合可以制作出所需要的各种色彩，但实际上同量的青、品红、黄色颜料混合后并不能产生完全的黑色或灰色。因为所有打印油墨都会包含一些杂质，这三种油墨实际上产生一种土灰色，必须与黑色油墨混合才能产生真正的黑色。因此印刷时实际采用 CMYK 模式，其中 K 表示黑色。

4. YUV 模型

在 PAL 彩色电视制式中采用 YUV 模型来表示彩色图像。其中 Y 表示亮度，U 表示蓝色色差（就是蓝色信号与亮度信号之间的差值，即 B-Y），V 表示红色色差（R-Y）。U、V 色差信号是构成色彩的两个分量。因为 YUV 的亮度信号（Y）和色度信号（U、V）是相互独立的，也就是 Y 信号分量构成的黑白灰度图与用 U、V 信号构成的另外两幅单色图是相互独立的，使彩色电视系统与只对亮度敏感的黑白电视机亮度信号兼容，如图 8.25 所示。

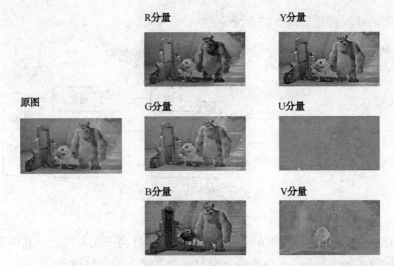

图 8.25 PAL 彩色电视制式中采用 YUV 模型表示彩色图像

由于所有的显示器都采用 RGB 模型来显示色彩,显示器不能直接显示彩色电视信号,需要把 YUV 彩色分量值转换成 RGB 值。RGB 和 YUV 的对应关系可近似地表示如下:

Y=0.299R+0.587G+0.114B
U=0.492(B-Y)=-0.147R-0.289G+0.436B
V=0.877(R-Y)=0.615R-0.515G-0.100B
或者
R=Y+1.140V
G=Y-0.395U-0.579V
B=Y+2.033U

8.2.2 图像数字化

1. 数字图像的获取

一幅图像由 m(行)×n(列)个采样点组成,每个采样点是组成采样图像的基本单位(称为像素),如图 8.26 所示。

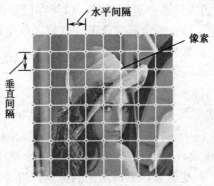

图 8.26 图像数字化

数字图像的获取过程如图 8.27 所示。

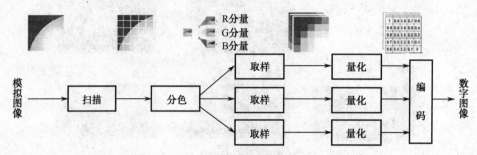

图 8.27　数字图像的获取

说明：

① 扫描：将画面划分为 m×n 个网格，每个网格称为一个取样点。其中 m 为水平方向分隔数，称为水平分辨率；n 为垂直方向分隔数，称为垂直分辨率。

分辨率越高，图像分隔后的取样点越小，图像信息量越大，还原图像越清楚。若分辨率过低，还原图像时会出现马赛克现象，如图 8.28 所示。

（a）分辨率高　　　　　　　　（b）分辨率低

图 8.28　图像分辨率高低的图像效果

② 分色：将彩色图像取样点的颜色分解成 R，G，B 三个基色。
③ 取样：测量每个取样点的每个分量（基色）的亮度值。
④ 量化：将取样点每个分量的亮度值转换为二进制数据。
⑤ 编码：对量化得到的大量数据进行压缩，以便存储和传输。

如果把前三步称为采样，那么图像数字化需要取样、量化和编码三个阶段。实现图像采样功能的装置包括扫描仪、数码相机、包含数码摄像头的各种设备。

2. **数字图像的表示**

可以用 m 行 n 列矩阵表示图像，每个矩阵元素的值对应一个像素。

图像数字化后的大小取决于图像的分辨率和像素深度，即

图像数字化后的大小=水平分辨率×垂直分辨率×像素深度÷8

数字化后的彩色图像、灰度图像和黑白图像的像素深度是不同的。

（1）彩色图像

彩色图像的每个像素由红（R）、绿（G）、蓝（B）三个彩色分量组成，所以需要用三个矩阵分别表示每个彩色分量的亮度值，如图 8.29 所示。

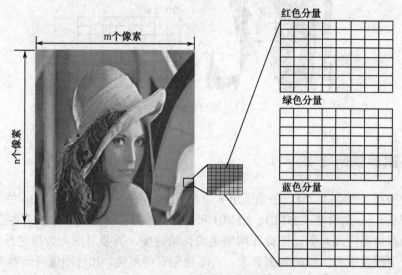

图 8.29　彩色图像的表示

如果一个彩色分量用 8 位（1 个字节）表示，像素深度=3×8=24，所以又称为 24 位色。根据不同情况，表示彩色的像素深度可以不同。

（2）灰度图像

灰度图像的每个像素也只有一个灰度分量，一般用 8～12 位表示，如图 8.30 所示。

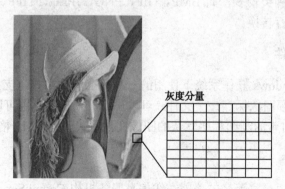

图 8.30　灰度图像的表示

（3）黑白图像

黑白图像的每个像素只有一个黑色分量，且只用一个二进制位表示，其取值仅有"0"（黑）和"1"（白）两种，如图 8.31 所示。

这里，像素深度为 1。

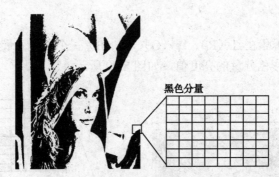

图 8.31 黑白图像的表示

8.2.3 图像数据压缩

对应分辨率 1 280×1 024，图像采用 8 位色（256 色）、16 位色（65536 色）、24 位色（真彩色）表示，分别需要 1.25MB、2.5MB 和 3.75MB 的存储空间。为了节省存储数字图像所需要的存储器空间，提高图像在网络上的传输速度，需要对图像数据进行压缩。

因为数字图像中有大量的数据冗余，人眼视觉有局限性，允许图像有一些失真，所以图像数据压缩是可行的。图像数据压缩有两种类型：无损压缩和有损压缩。

无损压缩：用压缩后的数据还原出来的图像没有任何误差，但压缩率比较低。

有损压缩：用压缩后的数据还原出来的图像有一定的误差，但压缩率比较高。

压缩编码方法的评价包括压缩倍数的高低（压缩比大小）、重建图像的质量和压缩算法的复杂程度。

目前，图像的压缩都遵循静态图像压缩国际标准 JPEG。

图像文件的格式种类较多，如 BMP、GIF、PNG、JPEG、TIFF、PSD 等。这些文件格式可以通过软件进行转换。

1. BMP 格式文件

BMP 格式是 Windows 操作系统下使用的一种标准图像格式，支持单色、16 色、256 色、真彩色图像，一幅图像保存一个文件，可以进行无损压缩，也可以不压缩（磁盘空间比较大）。Windows 自带的画图程序默认的图像文件格式就是 BMP 格式。

2. GIF 格式文件

GIF 格式文件是由一家著名的美国在线信息服务机构 CompuServe 公司于 20 世纪 80 年代推出的一种高压缩比（LZW 算法）的彩色图像格式文件。

GIF 格式文件具有如下特点。

① GIF 图像采用 8 位色（256 色）表示，可表示彩色图像或灰度图像。

② 因为 GIF 图像文件的尺寸小，所以这种图像格式得到了迅速、广泛的应用。目前 Internet 上大量采用的彩色动画文件多为 GIF 文件。考虑到网络传输中的实际情况，GIF 图像格式除了运用一般的逐行显示方式之外，还增加了交错显示方式，如图 8.32 所示。

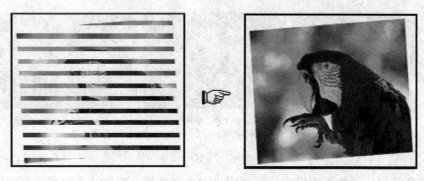

图 8.32　GIF 图像交错显示

在图像传输过程中，用户可以先看到图像的大致轮廓，然后随着传输过程的继续而逐渐看清图像的细节部分，从而适应了用户的观赏心理，这种方式也被其他图像格式所采用，如 JPEG、JPG 等。

③ 支持透明背景。关于透明背景文件参考 PNG 格式文件。

另外，GIF 图像可存储若干幅静止图像，形成简单动画。

3. PNG 格式文件

PNG 格式文件最主要的特征就是支持透明背景。例如，对于图 8.33，采用图形处理软件进行处理，如果希望将图 8.33（b）的面罩放到图 8.33（a）的面部，如图 8.33（c）所示，那么图 8.33（b）必须是具有透明属性的 PNG 文件，否则会挡住图 8.33（a）。

(a)　　　　　　　　(b)　　　　　　　　(c)

图 8.33　PNG 图像透明属性

4. JPEG 格式文件

JPEG 是静止图像数据压缩编码的国际标准，采用 JPEG 标准的图像文件扩展名是 jpg。

JPEG 一般采用有损压缩方法，在获得极高的压缩率的同时能展现十分丰富、生动的图像，而且 JPEG 具有调节图像质量的功能，允许用不同的压缩比例对文件进行压缩。

图 8.34 所示为 JPEG 图像压缩前后图像品质的对比。

原图大小：176KB　　　压缩后大小：9.91KB　　　压缩后大小：1.93KB
300×200真彩色图像　　压缩比率：17.8　　　　　压缩比率：91.2

图 8.34　JPEG 图像压缩前后图像品质的对比

JPEG 在计算机、数码相机中广泛使用。因为文件小，特别适合应用于互联网传输。

JPEG 新标准是 JPEG2000（扩展名是 jp2），既可进行无损压缩，也可进行有损压缩。它采用更先进的技术，可取得更好的效果，目前在医学图像处理中广泛使用。

5．TIFF 格式文件

TIFF 是 Aldus 和 Microsoft 公司为扫描仪和桌面出版系统研制开发的较为通用的图像文件格式。TIFF 的存储格式可以压缩也可以不压缩，压缩的方法也不止一种。TIFF 不依赖于操作环境，具有可移植性，普通 PC 和苹果机同时支持 TIFF 格式。

TIFF 格式比较适合作为高质量的保存原件的图像存储格式，目前仍然是使用最广泛的行业标准位图文件格式。因为 TIFF 图像的分辨率很高，所以存储时会占很大的硬盘空间。TIFF 格式允许 RGB 模式或 CMYK 模式，因此在显示及打印两方面都能保持较高的质量。

6．PSD 格式文件

PSD 是美国 Adobe 公司开发的图像处理软件 Photoshop 中自建的标准文件格式。所以，在编辑图像的过程中，通常将文件保存为 PSD 格式，以便重新对其编辑。用 PSD 格式保存图像时，图像并不经过压缩，所以图像比较复杂时，会占很大的硬盘空间。

但是，PSD 格式的图像文件很少为其他软件和工具所支持。所以，在图像制作完成后，通常需要转换为一些比较通用的图像格式，以便输出到其他软件中进行处理。

8.2.4　数字图像处理和应用

1．数字图像处理

数字图像处理就是利用计算机图像处理软件对原始采集的图像进行处理，以达到用户满意的效果。

目前，图像处理软件种类很多，可大致分成专用图像处理软件和嵌入式图像处理软件。

（1）专用图像处理软件

专用图像处理软件中最有名的是美国 Adobe 公司开发的 Photoshop。Photoshop 是集图像扫描、编辑修改、图像制作、广告创意、图像合成、图像输入/输出于一身的专业图像处理软件。随着版本的提高，图像处理功能越来越强。

（2）嵌入式图像处理软件

一些非图像处理软件（如 Word、PowerPoint）也具有简单图像处理功能。图 8.35 所示为 PowerPoint 2003 图像处理工具栏及其按钮对应的处理功能。

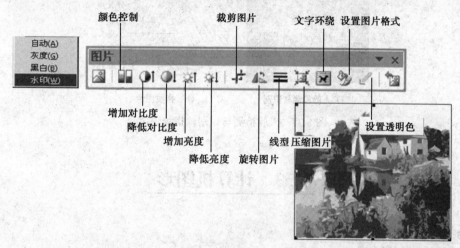

图 8.35　PowerPoint 2003 嵌入式图像处理工具

2. 数字图像处理的应用

（1）图像通信

主要包括图像传输、电视电话、电视会议等。

（2）遥感

通过卫星图像进行分析、估算、判断等。

（3）医疗诊断

医疗诊断时采用的图像如图 8.36 所示。

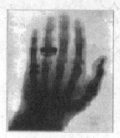 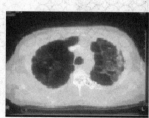 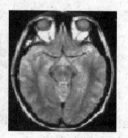

（a）X 光图像　　　　（b）CT 图像　　　　（c）核磁共振图像

图 8.36　医疗诊断时采用的图像

（4）在工业生产中的应用

主要包括产品质量检测、生产过程自动控制等。

（5）机器人视觉

（6）军事、公安、档案管理等其他方面的应用包括人脸检测与识别、指纹图像等，如图 8.37 所示。

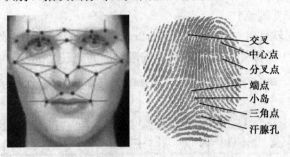

（a）人脸检测与识别　　　　（b）指纹图像

图 8.37　人脸检测与识别、指纹图像

8.3　计算机图形

8.3.1　基本原理

图形通常由点、线、面、体等几何元素和灰度、色彩、线型、线宽等非几何属性组成。

1. 基本绘图原理

下面以画线、画圆及三维图形为例说明基本绘图原理。

（1）画线

可以将显示器左上角作为坐标原点（0，0），一个像素坐标加 1。画线的基本原理如图 8.38 所示。

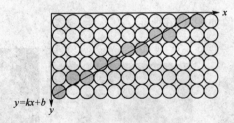

图 8.38　画线

起点坐标（x_0，y_0），终点坐标（x_1，y_1），$k=(y_1-y_0)/(x_1-x_0)$

在计算机中保存直线：

起点坐标（x_0，y_0），终点坐标（x_1，y_1），线颜色、线宽度等。

单位：像素

（2）画圆

绘制出圆心在原点，半径为整数 R 的圆 $x^2+y^2=R^2$。圆的极坐标方程为　$x=R\cos\theta$，$y=R\sin\theta$。

画圆的基本原理如图 8.39 所示。

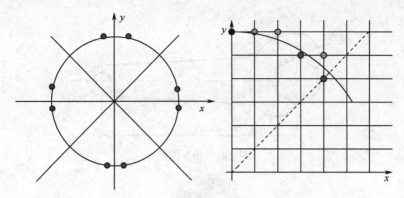

图 8.39 画圆

在计算机中保存圆，包括圆心坐标 (x_0, y_0)，半径 R、线颜色、线宽度、填充类型、填充颜色等。

（3）三维图形

三维笛卡儿坐标 (x, y, z) 是在三维笛卡儿坐标系下的点的表达式，其中，x, y, z 分别是拥有共同的零点且彼此相互正交的 x 轴，y 轴，z 轴的坐标值。图 8.40 所示的是一个三维的马鞍图形。

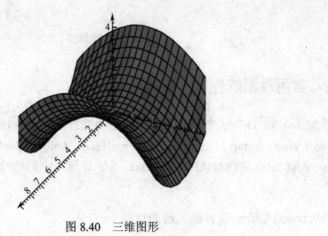

图 8.40 三维图形

2. 图形分类

图形分为平面图形和三维图形。

平面图形通常由点、线、圆（包括弧、椭圆）等组合而成，如图 8.41 所示。对于不规则形体（如自然现象），可以找出其生成规律，并使用相应的算法来描述。

三维图形使用基本的几何元素（如平面、曲面、立方体、多面体、圆柱、圆球、圆锥等），通过"并"、"差"、"交"等运算来构造物体的结构与形状，如图 8.42 所示。可借助 3D 绘图软件，通过编辑网格形状进行造型。

计算机图形学是研究显示、生成和处理图形的原理、方法和技术的一门学科。

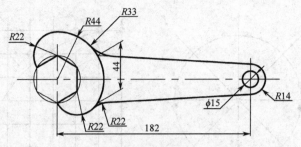

图 8.41　平面图形

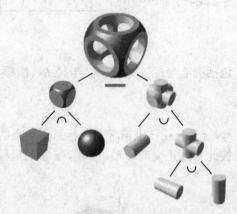

图 8.42　三维图形

8.3.2　常用绘图软件

除了 Microsoft Office 套件具有嵌入绘图功能外，专用的计算机绘图软件还有很多，如 Microsoft Visio、Smart、CorelDRAW、FreeHand、AutoCAD、CAXA、Illustrator、Protel、MAPInfo、ARCInfo、MATLAB、3ds Max、Maya 等，它们的功能各有所长。下面介绍常用的几个。

1．Microsoft Office 套件嵌入绘图功能

当前最流行的 Office 套件 Word、Excel 和 PowerPoint 中都包含图形处理功能。需要绘图时，打开图形绘制工具栏（对于 Office 2007，选择"形状"按钮）即可。图 8.43 所示的就是在 Word 中绘图。

2．Microsoft Visio

Microsoft Office 套件中包含专门的办公绘图软件 Visio，单击"形状"按钮，选择系统提供的各种类型的图形库，然后从左边显示的形状中直接拉过来即可。此外，Smart 也是比较流行的简单绘图软件，它包括很多图形库。

本书和电子工业出版社出版的《新编计算机网络》教材的很多精美图形都是用 Visio 制作的，如图 8.44 所示。Visio 图形软件绘图的文件扩展名为 vsd。

另外，Visio 图形可以复制到 Word 中，之后可在 Word 中直接编辑。

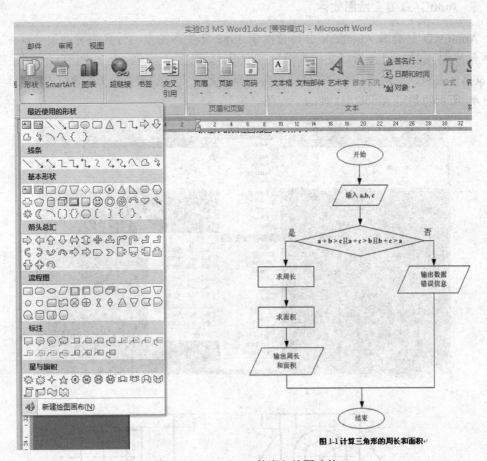

图 8.43　Word 2007 的嵌入绘图功能

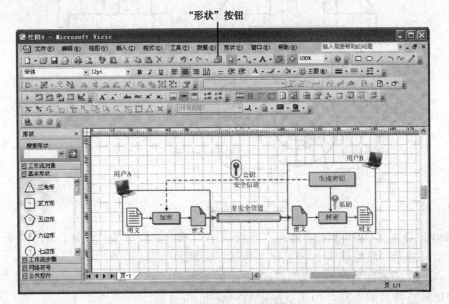

图 8.44　Visio 2007 图形

3. AutoCAD 专业绘图软件

AutoCAD 是美国 Autodesk 公司首次于 1982 年生产的自动计算机辅助设计软件,用于二维绘图、详细绘制、设计文档和简单三维设计,现已成为国际上非常流行的绘图工具。AutoCAD 具有广泛的适应性,它可以在各种操作系统支持的微型计算机和工作站上运行。图 8.45 所示的是用 AutoCAD 画的三视图。

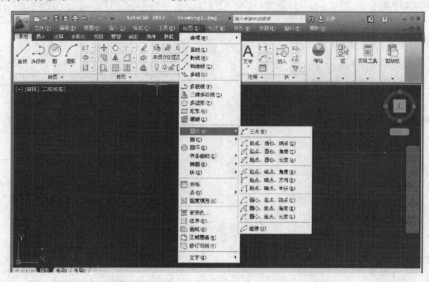

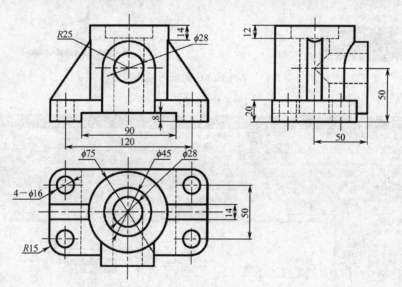

图 8.45 AutoCAD 图形

AutoCAD 广泛应用于土木建筑、装饰装潢、城市规划、园林设计、电子电路、机械设计、服装鞋帽、航空航天、轻工化工等诸多领域。

Autodesk 为不同的行业开发了行业专用的版本和插件:

在机械设计与制造行业中用 AutoCAD Mechanical 版本;

在电子电路设计行业中用 AutoCAD Electrical 版本；

在勘测、土方工程与道路设计行业中用 Autodesk Civil 3D 版本；

而学校里教学、培训中所用的一般都是 AutoCAD Simplified 版本。

AutoCAD 常用的文件扩展名有如下几种。

普通文件扩展名：dwg

备份文件扩展名：bak（把 bak 改成 dwg 后可直接打开）

模板文件扩展名：dwt

4. Protel

Protel 是 Altium 公司在 20 世纪 80 年代末推出的 EDA（Electronic Design Automation，电子设计自动化）软件，在电子行业的 CAD 软件中，它当之无愧地排在众多 EDA 软件的前面，是电子设计者的首选软件，它早就在国内被使用，普及率最高，有些高校的电子专业还专门开设了课程来学习它，几乎所有的电子公司都要用到它，许多大公司在招聘电子设计人才时常要求会使用 Protel。图 8.46 所示的是 Protel 制作的产品原理图，方框是 IC；图 8.47 所示的是 Protel 制作的产品印制版图；图 8.48 所示的是最后形成的产品。

Protel 常用的文件扩展名有如下几种。

原理图文件：schdoc

印制版图文件：pcbdoc

原理图库文件：schlib

印制版图库文件：pcblib

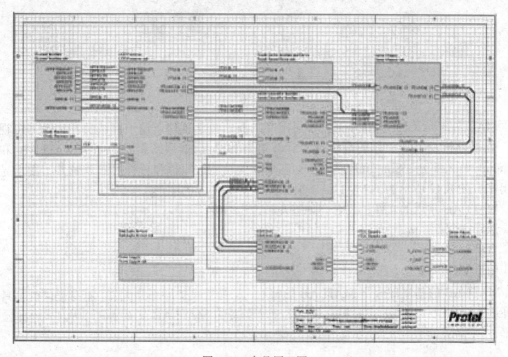

图 8.46　产品原理图

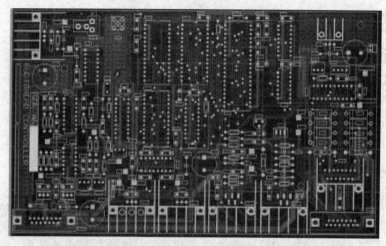

图 8.47　产品印制版图

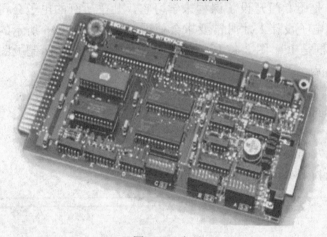

图 8.48　产品

5．MATLAB

MATLAB 是美国 MathWorks 公司出品的商业数学软件，用于算法开发、数据可视化、数据分析及数值计算的高级技术计算语言和交互式环境，主要包括 MATLAB 和 Simulink 两大部分。Simulink 提供了动态仿真的功能，模拟和分析用户系统并用图形显示出来。图 8.49 所示的是 MATLAB 根据用户模型生成的图形。

MATLAB 常用的文件扩展名有如下几种。

源程序文件：m

自动保存文件：asv

图形文件：fig

MATLAB 的基本部分是 MATLAB 的核心，工具箱是扩展部分。除了本身提供的工具箱外还有合作伙伴提供的工具箱。成百上千个免费的 MATLAB 工具箱可以从 Internet 上获得。

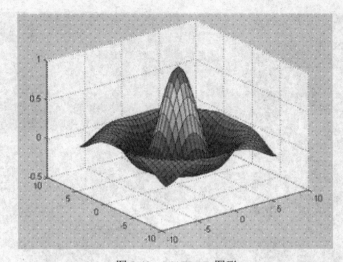

图 8.49 MATLAB 图形

6. 3ds Max 和 Maya

3ds Max 和 Maya 是 Autodesk 公司开发的 3D 动画制作软件,最基本的功能是制作 3D 图形。Maya 是高端 3D 软件;3ds Max 是中端 3D 软件,易学易用。图 8.50 所示的是 3ds Max 作品,图 8.51 所示的是 Maya 的三维人物作品。

3ds Max 常用的文件扩展名:max

Maya 常用的文件扩展名:mb

图 8.52 所示的是 3D 绘图软件的装潢设计效果图。

图 8.50 3ds Max 作品

图 8.51 Maya 作品

图 8.52 3D 绘图软件的装潢设计效果图

8.4 计算机动画

  计算机动画（又称电脑动画）是指采用图形与图像的处理技术，借助于编程或动画制作软件生成一系列的景物画面。计算机动画采用连续播放静止图像的方法产生物体运动的效果。

8.4.1 计算机动画类型和技术

计算机动画分为平面动画（二维动画）与三维动画两类，采用的技术包括逐帧动画、关键帧动画、路径动画、变形动画、过程动画、粒子动画、群体动画、人物动画、运动捕捉、三维扫描技术等。下面简要介绍前几种。

1. 逐帧动画

逐帧动画又称帧动画或关键帧动画，也即通过一帧一帧地显示动画的图像序列而实现运动的效果，如图 8.53 所示。

图 8.53　逐帧动画

2. 关键帧动画

中间帧的生成由计算机来完成，插值代替了设计中间帧的动画师。
关键帧（1帧，8帧）如图 8.54 所示。

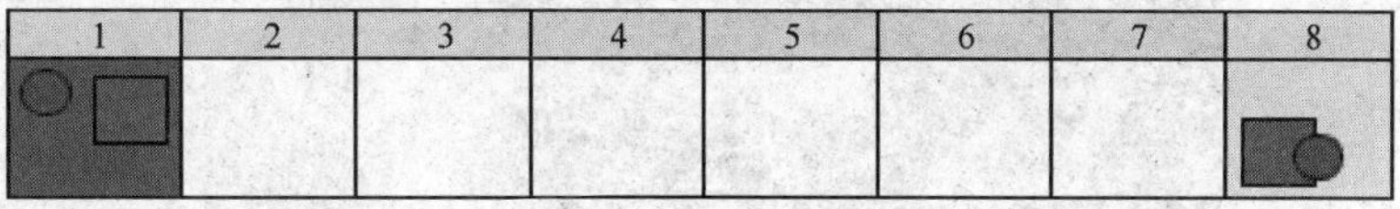

图 8.54　关键帧

第 2～7 帧由软件生成，如图 8.55 所示。

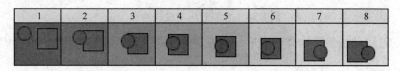

图 8.55　生成帧

3. 路径动画

路径动画就是由用户根据需要设定好一个路径后，使场景中的对象沿着路径进行运动。比如模拟飞机的飞行、鱼的游动都可以使用路径动画来制作，如图 8.56 所示。

图 8.56　路径动画

4. 变形动画

变形动画在两个画面之间建立起对应点关系，如图 8.57 所示。

图 8.57　人猫变形动画

5. 过程动画

在过程动画中，物体的变形基于一定的数学模型或物理规律。最简单的过程动画是用一个数学模型去控制物体的几何形状和运动，如水波的运动，如图 8.58 所示。

图 8.58　水波的运动过程动画

较复杂的过程动画包括物体的变形、弹性理论、动力学、碰撞检测在内的物体的运动。

6. 粒子动画

一些计算机场景的随机景物，如火焰、气流、瀑布等，在对其进行描述时，可采用粒子系统的原理，将随机景物想象成是由大量的具有一定属性的粒子构成的。每个粒子都有自己的粒子参数，包括初速度、加速度、运动轨迹和生命周期等。这些参数决定了随机景物的变化，使用粒子系统可以产生很逼真的随机景物，如图 8.59 所示。

图 8.59　粒子动画创作的真实感云层

8.4.2　常用的动画制作软件

1. 二维动画制作软件

在传统的卡通动画中，美工需要绘制很多画面，而现在大量的工作可以借助计算机来完成，比如给出关键帧，中间帧就由计算机来合成，因而大大地提高了工作效率。

（1）GIF 动画

GIF 可存储单幅静止图像，又可同时存储若干幅静止图像，显示文件时形成连续的动画。例如，一个 GIF 图像文件包含的图像如图 8.60 所示。

图 8.60　GIF 图像

该 GIF 图像文件显示时，将轮回显示图 8.60 中的 5 幅图像，形成一个简单动画。

Ulead Gif Animator 是一个简单、快速、灵活、功能强大的 GIF 动画编辑软件。

GIF 动画是图像格式，扩展名为 gif。它采用了无损数据压缩方法，文件尺寸较小，因此被广泛采用。目前 Internet 中大量采用的彩色动画文件多为这种格式。

（2）Flash 动画

Flash 是 Macromedia 公司的网页动画软件，用于绘制帧、矢量动画，可添加声音，已经成为最优秀的交互动画制作工具。其界面如图 8.61 所示。

SWF 是 Macromedia 公司的产品——Flash 的矢量动画格式，文件扩展名为 swf。它采用曲线方程描述其内容，因此这种格式的动画在缩放时不会失真，非常适合描述由几何图形组成的动画，如教学演示等。

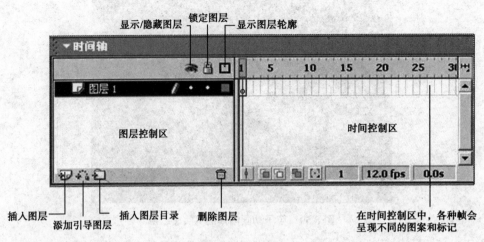

图 8.61 Flash 界面

（3）Animation Stand 动画

Animation Stand 是 Autodesk 公司的一个非常流行的二维卡通软件，全球最大的卡通动画公司如沃尔特、华纳兄弟、迪斯尼和 Nickelodeon，皆曾采用 Animation Stand 作为二维卡通动画软件，用于生产最原始的图样、独创的和完全动画化的系列片，为娱乐业的商业应用。

FLIC 是它的 2D/3D 动画制作软件中采用的彩色动画文件格式，是 FLC 和 FLI 的统称，文件扩展名为 flc 和 fli。

（4）DIR 动画

DIR 是 Director 公司的动画格式，扩展名为 dir，是一种具有交互性的动画，可以加入声音，数据量较大。该格式多用于多媒体产品和游戏中。

（5）WinImage: morph 动画

WinImage: morph 是变形动画软件，可根据首、尾画面自动生成变形动画。

2. 三维动画制作软件

要制作三维动画，首先要创建物体和背景的三维模型，然后让这些物体在三维空间里动起来，可移动、旋转、变形、变色等，再通过三维软件内的"摄影机"去拍摄物体的运动过程，当然，也要打上"灯光"，最后生成栩栩如生的画面。

3D Studio Max，常简称为 3ds Max 或 Max，是 Autodesk 公司开发的基于 PC 系统的三维动画渲染和制作软件，广泛应用于广告、影视、工业设计、建筑设计、多媒体制作、游戏、辅助教学、工程可视化等领域。

Maya 是美国 Autodesk 公司出品的世界顶级的三维动画软件，应用对象是专业的影视广告、角色动画、电影特技等。Maya 功能完善，工作灵活，易学易用，制作效率极高，渲染真实感极强，是电影级别的高端制作软件。

8.5 计算机声音

8.5.1 声音的表示

声音由振动产生,通过空气进行传播。声音是一种波,它由许多不同频率的谐波组成。谐波的频率范围称为声音的"带宽"。话音或语音(speech)专指人的说话声音,带宽仅为300~3 400Hz。全频带声音(如音乐声、风雨声、汽车声等)的带宽可达到20Hz~20kHz,人耳都可以听到。

当声音进入话筒时,声音对应的模拟信号就产生了,这个信号称为模拟音频信号。要在计算机中保存声音信号,必须把模拟音频信号变成对应的(二进制)数字数据。这需要经过采样、量化和编码的过程,如图8.62所示。

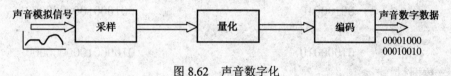

图8.62 声音数字化

1. 采样

采样的目的是把时间上连续的声音模拟信号转换成时间上离散的二进制数字信号。

采样频率:每秒钟采样的次数叫作采样频率,其单位为Hz(赫兹)。显然,采样频率越高,就越能反映原来的模拟信号。

著名的 Nyquist(奈奎斯特)采样定理:采样频率至少应为被采样信号最高频率的两倍,才能把数字信号表示的声音还原为原来的声音。

图8.63所示为声音采样原理图。

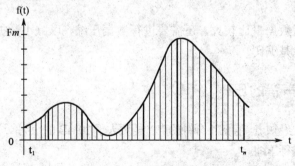

图8.63 声音采样原理图

如果信号的最高频率为fHz,t_n为1秒,那么$n=2f_{max}$。

(1)话音采样

话音f_{max}=3 400Hz,根据采样定理,采样速率=$2f_{max}$=6 800Hz。为了适当提高数字化后话音的质量,采样速率取8 000Hz。

（2）全频带声音采样

全频带声音 f_{max}=20kHz，采样速率=$2f_{max}$=40kHz。为了使声音与电视信号同步，PAL制式电视的场频为50Hz，NTSC制式电视的场频为60Hz，取50和60的整数倍，所以音频采用44.1kHz的采样频率。

2. 量化

量化是指把每个样本从模拟量转换为数字量。一次采样量化成的二进制数值的位数越多，保存的声音就越准确。量化二进制数值的位数称为量化精度，一般量化精度为8位（bit）、12位、16位和24位等。

（1）量化精度

量化精度为8位，Fm=11111111B（255）；量化精度为16位，Fm=1111111111111111B（65535）。对于图8.63，可以大致看出：

时间	8位量化二进制数据	16位量化二进制数据
t_1	00100000	0010000000000000
t_2	00100010	0010001000000000
⋮		
t_n	01000010	0100001000000000

（2）数据量

量化后，每秒声音的数据量可以用声音的码率（每秒二进制位 bps）表示：

$$声音的码率=采样频率×量化精度×声道数$$

若量化精度为8位，每秒语音的量化数据量为 8 000×8=64 000bps=64kbps。
若量化精度为16位，每秒立体音乐的量化数据量为 44.1×16×2=1 411.2kbps。
声音数据量以字节为单位，可由下式算出：

$$声音数据量=声音的码率×时间（秒）÷8$$

例如，CD每分钟声音的数据量为 1 411.2×60÷8=10 584KB≈10.336MB。

3. 编码

声音经过量化后数据量比较大，还需要进行数据压缩，以减小数据量，便于计算机存储和网络传输，这就是编码。

8.5.2 数字化声音的压缩

通过上面的计算已经知道，存储1分钟的声音需要大于10MB的空间，这显然太庞大了。所以需要对数字化的声音进行压缩。

1. 数字化声音的压缩

为了降低存储成本和提高在网络上的传输效率，需要对声音数据进行压缩。因为声音中包含大量冗余信息，人耳灵敏度有限，允许有一定失真而不易察觉，所以可以进行数据压缩。
数字声音压缩分为无损压缩和有损压缩，有损压缩的压缩比较高，但声音还原时会有点失真，需要根据应用场合选择。各种数字声音压缩类型及其应用如表 8.3 所示。

表 8.3 文件类型及其应用

音频格式	编码压缩类型	效果	主要应用	开发者
WAV	未压缩	声音达到 CD 品质	支持多种采样频率和量化位数，获得广泛支持	微软公司
FLAC	无损压缩	压缩比为 2:1 左右	高品质数字音乐	Xiph.Org 基金会
APE	无损压缩	压缩比为 2:1 左右	高品质数字音乐	Matthew T. Ashland
M4A	无损压缩	压缩比为 2:1 左右	QuickTime，iTunes，iPod，Real Player	苹果公司
MP3	有损压缩	压缩比为 8:1～12:1	因特网，MP3 音乐	ISO
WMA	有损压缩	压缩比高于 MP3，使用数字版权保护	因特网，音乐	微软公司
AC3	有损压缩	压缩比可调，支持 5.1、7.1 声道	DVD，数字电视，家庭影院等	美国 Dolby 公司
AAC	有损压缩	压缩比可调，支持 5.1、7.1 声道	DVD，数字电视，家庭影院等	ISO

音频文件的扩展名与音频格式相同。另外，还有几个音频格式需要说明。

（1）CDA 格式

CDA 格式是 CD 音轨。其实 CD 唱片上的一首首歌曲，并非我们通常理解的一个个文件。因为 CD 唱片格式标准较早，当然不会考虑到后来出现的 CD-ROM 驱动器也能认出 CD 唱片。后来，为了在计算机上更方便地使用 CD 音轨，就在计算机中规定：一个 CD 音轨为一个 CDA 文件。所以，不论 CD 音乐有多长或多短，在计算机上看到的"CDA"文件都是 44 字节长。

注意：不能直接复制 CD 格式的 CDA 文件到硬盘上播放，需要使用像 EAC 这样的抓音轨软件把 CD 格式的文件转换成 WAV 格式。

（2）ra，rm 和 ram 格式

这三种格式是 Real 公司指定的格式，可以一边下载一边收听，而且可以随网络带宽的不同而改变声音的质量。在保证大多数人听到流畅声音的前提下，带宽较富裕的听众可以获得较好的音质。近年来随着网络带宽的普遍改善，Real 公司欲推出用于网络广播的、达到 CD 音质的格式。

（3）MID 格式

MID 格式记录了一段音乐，但是 MID 文件不是声音的"模样"，而是告诉计算机里的声卡如何发音，所以音质的好坏全在于声卡的档次。MID 格式的最大用处在计算机作曲领域。

MID 文件可以用作曲软件写出，也可以通过声卡的 MIDI 口把外接音序器演奏的乐曲输入计算机，制成 MID 文件。

2. 8个以上的音轨

ogm 的出现，标志着多音轨格式的出现，可以合成 8 个以上的音轨，音频上自然也多了 ogg 这个格式，重要的是可以"内挂"字幕，外国人称为"软字幕"，可以任意开关，可以"内挂" 8 个以上的字幕，美中不足的是仅仅支持 srt 格式，并且不支持 Unicode，对亚洲字符支持严重不足。

3. 波形声音编辑软件

声音数据可以通过波形声音编辑软件进行修改。图 8.64 所示为双声道声音文件（tov-2.wav）编辑软件。

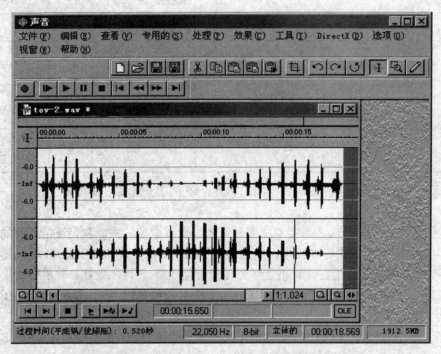

图 8.64 一款声音编辑软件

该软件的主要功能如下。
① 编辑声音：如声音剪辑、复制、调节音量。
② 声音的效果处理：如混响、回声、淡入、淡出等。
③ 录音。
④ 声音的格式转换。
⑤ 播放声音。

8.5.3 计算机合成语音

计算机合成声音就是计算机模仿人说话或演奏音乐。计算机合成声音有两类：计算机合成语音和计算机合成音乐（MIDI）。

计算机合成语音就是模仿人把一段文字朗读出来，即把文字转换为说话声音。这个过程简称为文语转换（TTS）。

文语转换的步骤如下。

① 对文本进行分析，判断每个字的正确读音，将文字序列转换成一串发音符号（如国际音标或汉语拼音）。

② 韵律分析。根据文句的结构、位置、使用的标点符号及上下文等，确定发音时语气的变换及读音的轻重缓急，这些都由一组韵律控制参数来进行说明。

③ 语音合成。根据发音标注，从语音库中取出相应的语音基元，按照韵律控制参数的要求，利用特定的语音合成技术对语音基元进行调整和修改，最终合成符合要求的流畅、自然的语音。语音库中存储了大量预先录制的语音基元（单音、词组、短语或句子）的波形数据，合成时读取语音基元的波形数据，将这些波形进行拼接和韵律修饰，然后输出连续语音流。

一般来说，对计算机合成的语音基本上可以达到发音清晰可懂，语气、语调自然，说话人可选择，语速可变化等。

计算机合成语音在有声查询、文稿校对、语言学习、语音秘书、自动报警、残疾人服务等方面有很广泛的应用，如公交车报站、读书郎、电话通知等。

例如，公交车报站语音合成的步骤如下。

① 录音下列内容：
  公交车各站名；到了；请做好下车准备；下一站，等等。
② 鼓楼站语音信息：
  鼓楼到了，请做好下车准备。下一站宁海路。
③ 鼓楼站语音合成：
  鼓楼/到了/请做好下车准备//下一站/宁海路/

8.6 计算机音乐

计算机音乐又称数字音乐，是用数字格式存储的，可以通过网络传输的音乐。无论被下载、复制、播放多少遍，其品质都不会发生变化。

1. 音乐

音乐是使用乐器演奏而成的。音乐的基本单元是一些音符，音符有音调、音色、音强、持续时间等属性。音调指声波的基频。音色由声音的频谱决定，不同乐器有不同的音色。音强即声音的强度。乐曲中音符持续时间的变化形成了旋律。

2. 数字音乐

PC 的声卡一般都带有音源，音源又称音乐合成器，它能模仿许多乐器，生成各种不同音色的音符。声卡上的音源有两种：一种是调频合成器，它是一种受控的电子振荡器（波形发生器），能模拟生成许多乐器演奏的音符，不过音色单调，效果差些；另一种是波表合成器，它预先将每种乐器演奏的各个音符的波形数字化，把它们组织成一张表（称为波表），存放在文件库中，播放时根据乐器类型、音符等参数访问波表库，取出相应的波形数据，将其修饰成所要求的音强和时长，然后播放出来，能提供相当优美的音色，效果很好。

3. 数字乐谱：MIDI 格式文件

音乐是演奏人员按照乐谱进行演奏的。怎样在计算机中描述乐谱呢？这就需要有一种标准的描述语言，目前普遍使用的标准叫作 MIDI。MIDI 不仅规定了乐谱的数字表示方法（包括音符、定时、乐器等），也规定了演奏控制器、音源、计算机等相互连接时的通信规程。

MIDI 规定，乐谱中的音符及其定时、速度、音色（乐器）等采用 MIDI 消息进行描述，每个 MIDI 消息描述一个音乐事件（如开始演奏某个音符、结束演奏某个音符、选择音符的音色、改变演奏速度等），一首乐曲所对应的全部 MIDI 消息组成一个 MIDI 文件。MIDI 文件在计算机中的文件扩展名为 mid，它是计算机合成音乐的交换标准，也是商业音乐作品发行的标准。

4. 数字音乐的播放

mid 文件在 Windows 系统中可以使用媒体播放器进行播放。播放 MIDI 音乐的过程大体如下：媒体播放器软件首先从磁盘上读入 mid 文件，把其中的一个个 MIDI 消息发送给声卡上的音乐合成器，由音乐合成器解释并执行 MIDI 消息所规定的操作，合成各种音色的音符，再通过扬声器播放出乐曲来。MIDI 的工作原理如图 8.65 所示。

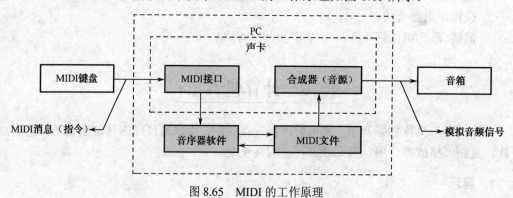

图 8.65　MIDI 的工作原理

5. 数字音乐的制作

计算机怎样制作 MIDI 音乐呢？这需要使用一种称为音序器的软件。实际操作时，音序器将 MIDI 演奏器演奏的音符、节奏及各种表情信息（如速度、触键力度、弯音和音色变化等）以 MIDI 消息的形式记录下来。MIDI 演奏器（如 MIDI 键盘）供演奏者进行实时演奏，它是一种专用的输入设备，如图 8.66 所示。

图 8.66　MIDI 演奏器

在音序器软件的控制下，同一名演奏者可在不同的时间内用不同的乐器（音色）逐次演奏乐曲的不同声部，实现"分轨录音"。此后，音乐合成器可以将所有音轨中的演奏信息同时播放演奏。这样，一个人就可完成相当于一个乐队的多声部演奏和录音任务。

音序器软件还可对 MIDI 文件进行修改和编辑，生成并打印乐谱，管理与检索 MIDI 文件，播放 MIDI 乐曲等。Cakewalk、Encore 等都是在 PC 上比较流行的音序器软件。Cakewalk 软件界面如图 8.67 所示。

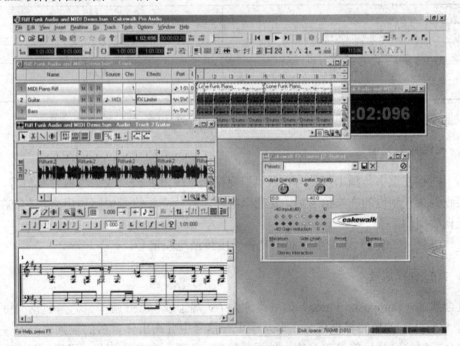

图 8.67　Cakewalk 软件界面

8.7 数字视频及其应用

8.7.1 视频基础

人类接收的信息的 70%来自视觉。视频实际上就是其内容随时间变化的一组动态图像（25 或 30 幅/秒），所以视频又称运动图像或活动图像。同时，视频信号具有与动态图像同步的声音（伴音）。

图像与视频既有联系又有区别。静止的图片称为图像（Image），运动的图像称为视频（Video）。图像的输入要靠扫描仪、数字照相机等设备，而视频的输入则要靠电视接收机、摄像机、录像机、影碟机及可以输入连续图像信号的设备。

常见的视频信号有电视、电影、动画等。

电视信号的标准又称电视的制式，各国的电视制式不尽相同。目前世界上常用的电视制式有中国、欧洲使用的 PAL 制，美国、日本使用的 NTSC 制及法国、俄罗斯等国使用的 SECAM 制。PAL 彩色电视制式的主要技术指标如表 8.4 所示。

表 8.4 PAL 彩色电视制式的主要技术指标

技 术 指 标	参 数
帧频（Hz）	25
行/帧	625
亮度带宽（MHz）	6.0
色度带宽（MHz）	1.3（U），1.3（V）
彩色幅载波（MHz）	4.43
声音载波（MHz）	6.5

根据不同的信号源，电视接收机的输入、输出信号可分为三种类型。

1. 高频或射频信号

为了能够在空中传播电视信号，必须把视频全电视信号调制成高频或射频信号。电视机在接收到某一频道的高频信号后，要把全电视信号从高频信号中解调出来，才能在屏幕上重现视频图像。

有线电视（CATV）通过电缆而不是在空中传播电视信号。

2. 复合视频信号

复合视频（Composite Video）信号又称为 AV 端子或 Video 端子，它是包括亮度（Y）和色度（U，V）的单路模拟信号，即从全电视信号中分离出伴音后的视频信号。

复合视频接口是目前最普遍的一种视频接口，几乎所有的电视机、影碟机类产品都有这个接口，如图 8.68 所示。复合视频接口一般由三个独立的 RCA 接口组成。其中的 Video

接口（黄色插口）连接混合视频信号；L 接口（白色插口）连接左声道声音信号；R 接口（红色插口）连接右声道声音信号。

图 8.68　复合视频接口

复合视频信号是模拟信号接口，当用于数字显示设备时，需要一个模拟转数字（A/D）的过程，所以一般不建议使用数字显示设备。

3. 分量视频信号与 S-Video

分量视频（Component Video）信号是指每个基色分量（R，G，B 或 Y，U，V）作为独立的电视信号传输。计算机输出的 VGA 视频信号就是分量形式的视频信号。

如将两个单独的色差信号 U 和 V 合为一个色度信号 C，再加上单独的亮度信号 Y，即构成 Y/C 信号，也就是 S-Video，如图 8.69 所示。

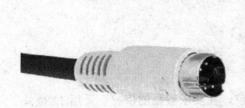

图 8.69　S-Video 端口

S-Video 将亮度和色度分开传输，可以减少其互相干扰。与复合视频信号相比，S-Video 可以更好地重现色彩。

复合视频信号和分量视频信号的示意图如图 8.70 所示。

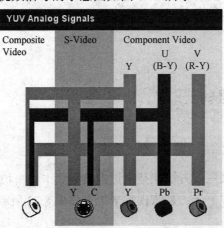

图 8.70　复合视频信号、分量视频信号示意图

8.7.2 视频信号的数字化过程

视频信号的数字化过程如图 8.71 所示。

图 8.71 视频信号的数字化过程

1. 采样

对于彩色电视图像，人眼对色度信号（U，V）的敏感程度比对亮度信号（Y）的敏感程度低，利用这个特性可以把图像中表达颜色的信号去掉一些而使人不察觉；同时人眼对图像细节的分辨能力有一定的限度，利用这个特性可以把图像中的高频信号去掉，而使人不易察觉。这样，对彩色电视图像进行采样时，对色度信号使用的采样频率可以比对亮度信号使用的采样频率低。一般推荐 4∶2∶2 的采样方式，即 Y 信号采样 4 次，U、V 信号各采样 2 次。因为 PAL 每帧 625 个扫描行，每个扫描行需要 864 个样本，每秒 25 帧。这样，（Y，U，V）采样频率如下：

Y f=625×25×864=13.5MHz

U f=13.5/2=6.75MHz

V f=13.5/2=6.75MHz

2. 量化

视频信号量化一般采用 8 位和 10 位，在要求较高的情况下采用 12 位。

3. 编码

量化后的信号转换成二进制数据才能进行传输，这一过程称为编码。编码就是对图像数据进行压缩。视频编码主要分成帧内编码和帧间编码。前者用于去掉帧图像冗余信息，后者用于去除帧图像之间的冗余信息。视频编码一般采用 MPEG 与 H.26x 标准。

8.7.3 数字视频信号的获取

1. 视频采集卡

获取数字视频信号的最主要方法就是通过视频采集卡把模拟视频转换成数字视频，并按数字视频文件的格式保存下来。某款视频采集卡如图 8.72 所示。

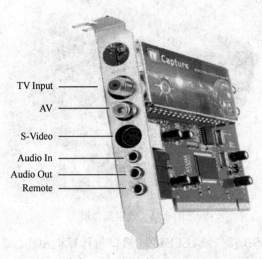

图 8.72　视频采集卡

2. 数字摄像头

数字摄像头又称网络摄像机或计算机摄像机,是一种多媒体计算机外部设备,人们形象地称之为计算机和网络的"眼睛"。

数字摄像头通过光学镜头和 CCD(电荷耦合元件)或 CMOS(互补金属氧化物半导体)采集动态图像,转换成数字信号并输入 PC。数字摄像头的主要参数如下。

分辨率:352×288～640×480

速度:30fps(每秒 30 帧)左右

镜头的视角:45°～60°

接口:USB 接口或 IEEE1394(火线)

数字摄像头与计算机及网络的连接方式如图 8.73 所示。

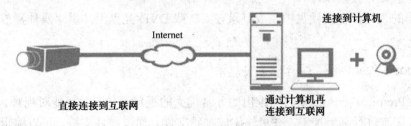

图 8.73　数字摄像头与计算机及网络的连接方式

3. 数字摄像机

数字摄像机是一种独立的数码设备,通过 CCD 转换光信号得到的图像电信号和通过话筒得到的音频电信号,经过量化、MPEG-2 压缩编码转换成数字信号,并且以文件形式记录在设备中。某款数字摄像机如图 8.74 所示。

图 8.74 数字摄像机

数字摄像机通过 USB 接口或 IEEE1394 接口与计算机相连,通过 PC 进行图像处理和上网传输。

8.7.4 数字视频的编辑

数字视频的编辑工作主要依靠计算机软件来完成,一般的视频编辑软件都包括素材整理、过场切换和特效、配音、添加字幕等功能。下面简单介绍两个。

1. Windows Movie Maker

Windows Movie Maker 由微软公司开发,在 Windows XP 平台上运行。它是一个简单的视频编辑软件,主要功能如下。

① 通过摄像机、数字摄像头或其他视频源将音频和视频捕获到计算机中。

② 打开已有的音频、视频或静止图片,对音频与视频内容进行编辑(包括添加片头、使用视频过渡或特技效果等)。

将制作的视频保存到硬盘中,或刻录在 CD 或 DVD 光盘上,供"媒体播放器"进行播放。

2. Adobe Premiere

Adobe Premiere 是 Adobe 公司推出的非常优秀的视频编辑软件,能对视频、声音、动画、图片、文本进行编辑加工,并最终生成视频文件。通过硬件支持,可以编辑制作任何标清和高清的节目。

8.7.5 数字视频的压缩编码

数字视频的数据量大得惊人,1 分钟的数字电视图像未压缩时的数据量可超过 1GB,对存储、传输和处理都有很大的困难。

视频信息的每个画面内部都有很多信息冗余,相邻画面的内容有高度的连贯性,人眼的视觉灵敏度有限，允许画面有一定失真，所以视频数据可以进行压缩。

1. **数字视频编码国际标准**

目前流行的数字视频编码国际标准如表 8.5 所示。

表 8.5 流行的数字视频编码国际标准

名 称	图 像 格 式	压缩后的码率	主要应用场合
H.261　H.263	180×144 或 360×288	64~128kbps 或 384 kbps 以上	可视电话、会议电视、手机
MPEG-1	360×288	1.2~1.5Mbps	VCD、数码相机、数字摄像机等
MPEG-2（MP@ML）	720×576	5~15Mbps	DVD、卫星电视直播、数字有线电视等
MPEG-2	1 440×1 152 1 920×1 152	80~100Mbps	HDTV
MPEG-4 ASP	分辨率较低的视频格式	与 MPEG-1，MPEG-2 相当	监控、IPTV、手机、MP4 播放器等
MPEG-4 AVC/H.264 / X264/XviD	多种不同的视频格式	较 MPEG-4ASP 显著减小	HDTV、蓝光盘、IPTV、XBOX、iPod、iPhone 等

2. **编/解码器**

编码标准的具体实现称为编/解码器（Codec）。Video Codec 为视频编/解码器。Codec 可以是硬件也可以是软件。同一种编码标准可以有许多不同的 Codec 产品。

经过编码处理后的信息均以数据文件的形式进行存储和传输。视频数据通常伴随着与之同步的音频数据（称为音像数据文件），音像数据文件的格式往往设计成一种"容器"形式，即文件中既有视频数据，又有音频数据，甚至有文字（字幕）等其他信息。视频、音频或文字信息所采用的编码标准可以不止一种。

播放器（Player）实际上就是一种解码器，但通常既可以解码多种类型的信息（音频、视频、图片等），又能解码多种不同格式的音像文件格式。编码和解码过程如图 8.75 所示。

图 8.75 编码和解码过程

播放器包括软件播放器和硬件播放器。

（1）软件播放器

PC 上使用的是软件播放器，一台计算机可以安装多个不同的播放器，常见的有以下几种。

微软公司的 Microsoft Media Player；

苹果公司的 QuickTime Player 和 iTunes；

Real 公司的 RealPlayer（简称 RealOne 播放器）；

"全能"播放器：Storm Player（暴风影音）、The KMPlayer、绚彩魅影、变色龙万能播放器（PPStream）、豪杰超级解霸等。

目前，更为流行的软件播放器就是采用智能手机，如图 8.76 所示。

图 8.76　智能手机播放 MP4

（2）硬件播放器（便携式）

硬件播放器通过硬件进行解码。硬件播放器主要包括 MP3 播放器和 MP4 播放器。

MP3 播放器：以播放 MP3 格式的音频信息为主，也能收听广播、观看文本和图片，功能更强一些的还能播放视频信息。iPod 是 Apple 推出的一种大容量 MP3 播放器，容量高达 10～160GB，可存放 2 500～10 000 首 MP3 歌曲。

MP4 播放器：MP4 播放器是一种能够播放视频的便携式设备，也叫 PVP（个人视频播放器）或 PMP（便携式媒体播放器）。它自带 2～5 英寸的 LCD 屏幕，存储容量达几十吉字节（GB），可供用户看录像（电影）、播放音乐、浏览文本和图片，甚至上网。某款 MP4 播放器如图 8.77 所示。

图 8.77　MP4 播放器

8.7.6 数字视频的文件格式

1. 本地视频格式

本地视频格式用来保存电影、电视等各种影像信息，有时也出现在 Internet 上，供用户欣赏新影片的精彩片段。目前主要应用在多媒体光盘上，文件扩展名大多为 avi。

（1）DV-AVI 格式

DV 的英文全称是 Digital Video，是由索尼、松下、JVC 等多家厂商联合提出的一种家用数字视频格式。目前非常流行的数码摄像机就是使用这种格式记录视频数据的。文件扩展名是 avi。

（2）nAVI 格式

nAVI 是 new AVI 的缩写，是一个名为 ShadowRealm 的地下组织发展起来的一种新视频格式。它由 Microsoft ASF 压缩算法的修改而来，以牺牲原有 ASF 视频文件的"流"特性来大幅提高 ASF 视频文件的清晰度。文件扩展名是 avi。

（3）MOV 格式

QuickTime 是 Apple 公司开发的一种视频文件格式，具有较高的压缩比率和较完美的视频清晰度，其最大的特点是具有跨平台性，不仅支持 MacOS，还支持 Windows 系列。文件扩展名是 mov 和 qt。

（4）MPEG 格式

MPEG 格式是运动图像压缩算法的国际标准，它采用有损压缩方法，保留相邻两幅画面绝大多数相同的部分，而把后续图像中和前面图像有冗余的部分去除，从而达到压缩的目的。

MPEG-1 格式的常用文件扩展名有 mpg、mlv、mpe、mpeg、dat。

MPEG-2 格式的常用文件扩展名有 mpg、mpe、mpeg、m2v、vob、tp、ts。

MPEG-4 格式的常用文件扩展名有 avi、mov、asf、mp4。

（5）DivX 格式

DivX 格式用 MPEG-4 来进行视频压缩，用 MP3 或 AC-3 等压缩音频，视频与音频合成 MPEG-4 视频格式 avi 文件，同时结合字幕播放软件来外挂字幕。字幕通过相应的外挂字幕文件提供。

2. 网络（流式）视频格式

流式视频采用一种"边传边播"的方法，即先从服务器上下载一部分视频文件，形成视频流缓冲区后实时播放，同时继续下载，为接下来的播放做好准备。这种"边传边播"的方法避免了用户必须等待整个文件从 Internet 上全部下载完毕才能观看的缺点。

（1）rm 和 rmvb 格式

rm 和 rmvb（又称为 RealVideo）格式是 RealNetworks 公司开发的流式视频文件格式，主要用来在低速率的广域网上实时传输活动视频影像，可以根据网络数据传输速率的不同而采用不同的压缩比率，从而实现影像数据的实时传送和实时播放。目前，Internet 上已有不少网站利用 RealVideo 技术进行重大事件的实况转播。

rmvb 格式比原先的 rm 多了可变比特率,在处理较复杂的动态影像时也能得到比较良好的效果,处理一般静止画面时则灵活地转换至较低的采样率,有效地缩减了文件的大小。

(2) mov 格式

mov 格式也可以作为一种流媒体文件格式。QuickTime 能够通过 Internet 提供实时的数字化信息流、工作流与文件回放功能,为了适应这一网络多媒体的应用,QuickTime 为多种流行的浏览器软件提供了相应的 QuickTime Viewer 插件,能够选择不同的连接速率,在浏览器中实现多媒体数据的实时回放。

(3) asf 和 wmv 格式

asf 格式是 Microsoft 公司为了和 QuickTime、Real Media 技术竞争而推出的一种视频格式,使用 MPEG-4 的压缩算法。asf 格式的图像质量比 VCD 差,但比同是视频"流"的 rm 格式要好。

wmv 格式是 asf 格式的升级和延伸,在同等视频质量下,wmv 格式的体积非常小,因此很适合在网上播放和传输。

(4) flv 和 f4v 格式

随着 Flash MX 的推出,Adobe 公司开发了属于自己的流式视频格式——flv。flv 格式采用的是 H.263 编码,不仅可以轻松、快捷地导入 Flash 中,而且可以从 Flashcom 服务器上流式播出。目前,网上大量的视频网站都使用这种格式的在线视频。

f4v 是支持 H.264 压缩算法的高清晰视频流媒体格式。使用最新的 Adobe Media Encoder CS4 软件即可编码 f4v 格式的视频文件。现在主流的视频网站都开始使用 H.264 编码的 f4v 文件,但需要 Flash Player 9 和更高版本的 H.264 视频编/解码器才能播放。

3. avi,vob,rm 和 mkv 格式

avi,vob,rm 和 mkv 格式并不是音/视频格式,只是为音/视频提供外壳的"组合"和"封装"容器格式。

(1) avi 格式

avi 格式是 Microsoft 公司开发的一种数字音频与视频文件格式。avi 文件并未限定压缩标准,因此,用不同压缩算法生成的 avi 文件,必须使用相应的解压缩算法才能播放出来。

(2) vob 格式

vob 格式文件用来保存所有 MPEG-2 格式的音频和视频数据,这些数据不仅包含影片本身,而且有供菜单和按钮用的画面,以及多种字幕的子画面流。ifo 文件用于控制 vob 文件的播放。

(3) rm 格式

rm 格式是 RealNetworks 公司开发的一种流媒体视频文件格式,它主要包含 RealAudio、RealVideo 和 RealFlash 三部分。Real Media 可以根据网络数据传输的不同速率制定不同的压缩比率,从而实现低速率地在 Internet 上进行视频文件的实时传送和播放。

（4）mkv 格式

mkv 是 Matroska 的一种新容器格式。mka 是单一的音频文件，但可能有多条及多种类型的音轨；mks 是字幕文件；mkv 能容纳多种不同类型编码的视频、音频及字幕流。此外，mkv 还能封装其他流行的视频、音频和字幕文件。

例如，图 8.78 是《太极Ⅱ》3D 数字视频 mkv 文件播放中的一张抓图，与它配套的字幕文件为 srt，如图 8.79 所示。

需要指出的是，Matroska 并不是简单地将它们不加改变地合并到其中，而是将它们的音/视频流进行了重新组织。

图 8.78　3D 数字视频 mkv 文件播放

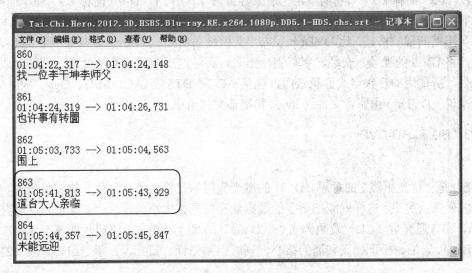

图 8.79　mkv 文件配套字幕 srt 文件

8.7.7 数字视频的应用

1. CAM、TS 和 TC

（1）CAM

CAM（称为枪版）通常是用数码摄像机从电影院盗录的，有时会使用小三脚架，但大多数时候不可能使用，所以摄像机会抖动，因此我们看到的画面通常偏暗，人物常常会失真，下方的字幕时常会出现倾斜的情况。由于声音是从摄像机自带的话筒录制的，所以经常会录到观众的笑声等声音。因为这些因素，CAM 的图像和声音质量通常都很差。

（2）TS

TS（称为准枪版）是在空的影院或是用专业摄像机在投影室录制的，所以图像质量可能比 CAM 好，但画面的起伏很大。论坛上常出现的有一般 TS 版和经过修复的清晰 TS 版。

（3）TC

TC（称为胶片版）使用电视、电影机直接从胶片数字复制。画面质量还不错，但亮度不足，有些昏暗。很多时候，制作 TC 使用的音源来自 TS，因此音质很差。

2. VCD 和 DVD

Video CD（简称 VCD）按 MPEG-1 标准将 60 分钟的音/视频节目记录在一张 CD 光盘上，图像质量为 VHS（352×240），即家用录/放像机的水平，可播放立体声。

DVD-Video（简称 DVD 影碟）一般按 MPEG-2 标准将音/视频节目记录在 DVD 光盘上，图像质量为广播级（720×576），可播放 5.1 声道的环绕立体声，单面单层 DVD（容量为 4.7GB）光盘可记录 120 分钟以上的影视节目。

DVD-5（简称 D5）即单面单层，最大容量为 4.7GB。DVD-9（简称 D9）即单面双层，最大容量为 8.5GB。DVDsscr（预售版）是非正式出版的版本，是通过 MPEG-4 技术进行高质量压缩的视频格式，比 DVDrip 发布早，但画质稍差。DVDrip 是从最终版的 DVD 转制的，将 DVD 的视频、音频、字幕剥离出来，再经过压缩或者其他处理，重新合成多媒体文件，所使用的音频格式五花八门，包括 AC-3、DTS、AAC、MP3、Ogg、WMA 等。一般来说，DVDrip 由影音文件（.avi）和字幕文件组成。

3. BD 和 HD-DVD

（1）BD

BD 是"蓝光影碟"的意思。DVD 的激光头用的是橙红色，而蓝光的波长更小，在碟片上的聚焦点更小，这样就能把更多的数据储存在同样大小的碟片上。蓝光光盘的直径为 12cm，和普通光盘（CD）及数码光盘（DVD）的尺寸一样。一张碟片能储存 50GB 的内容。BD 以索尼、松下、飞利浦为核心，同时得到先锋、日立、三星、LG 等巨头的鼎力支持。

（2）HD-DVD

由于蓝光 DVD 和当前的 DVD 格式不兼容，直接加大了厂商过渡到蓝光 DVD 生产环境的成本投入，因此大大延迟了蓝光成为下一代 DVD 标准的进程。HD-DVD 由东芝和 NEC 联合推出，采用的 AOD 技术相比于蓝色激光最大的优势在于能够兼容当前的 DVD，并且在生产难度方面也要比蓝光 DVD 的生产难度低得多。

4. HDTV

常规模拟电视的数字化（DTV）的分辨率为 720×480，HDTV 是高清晰度电视的意思，技术源于 DTV。由于 HDTV 从电视节目的采集、制作到电视节目的传输，以及到用户终端的接收全部实现数字化，因此 HDTV 给用户带来了极高的清晰度，分辨率最高可达 1 920×1 080，帧速率高达 60fps，优于 DVD。除此之外，HDTV 的屏幕宽高比也由原先的 4∶3 变成了 16∶9，若使用大屏幕显示则有亲临影院的感觉。

HDrip 是 HDTVrip（高清电视资源压缩）的缩写，是用 DivX/XviD/X264 等 MPEG-4 压缩技术对 HDTV 的视频图像进行高质量压缩，然后将视频、音频部分封装成一个.avi 或.mkv 文件，再加上外挂的字幕文件而形成的视频格式，画面清晰度更高。

5. TVrip

TVrip 是从电视（数码有线电视/卫星电视捕捉）转制的电视剧，或者接收的由卫星提前几天向电视网传送的预播节目（不包含加密但有时有雪花）。PDTV 是从 PCI 数码电视卡捕捉的，通常效果较好，破解组织倾向于使用 SVCD 来发布。现在不少流行的纪录片，大部分是直接从电视节目中录制的，如常见的 BBC、国家地理、Discovery、凤凰卫视等。

第 9 章

数 据 库

开发一个信息管理系统需要存放和管理很多数据，如学生成绩管理系统，需要学生、课程、学生成绩等数据。通过数据库存放和管理这些数据，将使对这些数据的操作变得非常简单。

9.1 数据库的基本概念

9.1.1 数据库与数据库管理系统

1. 数据库

数据库（DB）可以理解为存放数据的仓库，只不过这些数据存在一定的关联，并按一定的格式进行组织后保存在文件中。这个文件就是数据库文件。

例如，把一个学校的学生、课程、学生成绩等数据有序地组织起来，就可以构成一个学生信息数据库。

2. 数据库管理系统

数据库管理系统（DBMS）是管理数据库的通用系统软件，可以使用户通过简单、方便的图形界面和标准的 SQL 命令创建、操作、管理和维护数据库。但这个工作一般由数据库管理员（DBA）完成。

目前比较流行的数据库管理系统包括 SQL Server、Oracle、DB2、Access、Visual FoxPro、MySQL 等。其中，SQL Server 2008 的管理界面如图 9.1 所示。

应用程序开发人员通过开发平台提供的 DBMS 接口方法就可以操作数据库，而应用程序本身并没有编写操作数据库的具体实现程序。

数据、数据库、数据库管理系统、应用程序和与数据库有关的人员一起构成了数据库系统，如图 9.2 所示。

实际上，数据库管理系统需要通过操作系统才能访问数据库。

第 9 章　数据库

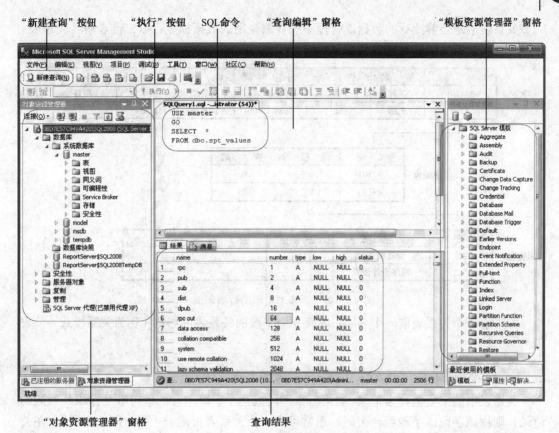

图 9.1　SQL Server Management Studio

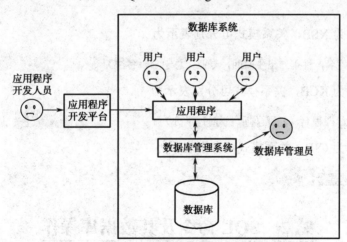

图 9.2　数据库系统的构成

9.1.2　关系数据模型

数据库中组织数据的方法称为数据模型。目前，主要的数据模型包括层次模型、网状模型和关系模型。

关系模型是当前流行的数据库管理系统普遍使用的数据模型,以二维表格(关系表)的形式组织数据库中的数据,如图9.3所示。

学生表

学 号	姓 名	性 别	出生时间	专 业	总 学 分	备 注
081101	王林	男	1990-02-10	计算机	50	三好生
081103	王燕	女	1989-10-06	计算机	50	三好生

成绩表

学 号	课 程 号	成 绩
081101	101	80
081103	102	70

课程表

课 程 号	课 程 名	开课学期	学 时	学 分
101	计算机基础	1	80	5
102	程序设计语言	2	68	4

图 9.3 按关系模型组织的数据示例

如果给每个关系表取一个名字,则有 n 个字段的关系表的结构(称为关系模式)可表示为

关系表名(列名1,…,列名 n)

关系表中的字段值称为记录。如果一个字段或几个字段组合的值可唯一标识其对应的记录,则称该字段或字段组合为码。通常可为一个关系表指定一个码,即"主码",在关系模式中,一般用下横线标出主码。

例如:

设学生表名为 XSB,关系模式可分别表示为

XSB(学号,姓名,性别,出生时间,专业,总学分,备注)

设课程表名为 KCB,关系模式可分别表示为

KCB(课程号,课程名,开课学期,学时,学分)

设成绩表名为 CJB,关系模式可分别表示为

CJB(学号,课程号,成绩)

9.2 SQL 命令及其数据库操作

SQL 是用于关系数据库查询的结构化语言,是关系型数据库的标准语言,类似于英语的自然语言,简洁易用。它已被众多商用数据库管理系统产品所采用。不过,因为不同的数据库管理系统在其实践过程中都对 SQL 规范做了某些编改和扩充,所以,实际上不同的数据库管理系统之间的 SQL 语言不能完全通用。例如,微软公司的 SQL Server 数据库系统支持的是 Transact-SQL(简称 T-SQL),而甲骨文公司的 Oracle 数据库所使用的 SQL 语言则是 PL-SQL。

SQL 语言的功能包括数据查询、数据操纵、数据定义和数据控制四部分。

下面以 SQL Server 为平台，以学生成绩数据库（PXSCJ）为例，介绍常用的 SQL 命令及其功能。假设 PXSCJ 数据库已经通过界面方式建立。

1. 创建数据库对象：CREATE

CREATE 命令通常用于创建数据库中的基本表、视图、索引等数据库对象等。例如，创建表的 SQL 命令为 CREATE TABLE。

【例 9.1】 在学生成绩数据库（PXSCJ）中创建学生表 XSB。XSB 的结构如表 9.1 所示。

表 9.1 XSB 的结构

列　名	数 据 类 型	长　度	是否允许为空值
学号	定长字符型（char）	6	×
姓名	定长字符型（char）	8	×
性别	位型（bit）	默认	×
出生时间	日期时间型（datetime）	默认	×
专业	定长字符型（char）	10	√
总学分	整数型（tinyint）	默认	√
备注	文本型（varchar）	20	√

使用 CREATE TABLE 语句创建学生表 XSB 的 SQL 语句如下：

```
CREATE TABLE XSB
(    学号  char(6) NOT NULL,
     姓名  char(8) NOT NULL,
     性别  bit NOT NULL,
     出生时间  datetime NOT NULL,
     专业  char(10) NULL,
     总学分  tinyint NULL,
     备注  text NULL
)
```

实际上，通过 SQL Server 界面直接创建表更加方便，如图 9.4 所示。

2. 插入表记录：INSERT

INSERT 命令通常用于在数据库中执行插入表记录操作。

【例 9.2】 向学生表中插入如下数据：081101，王林，1，1990-02-10，计算机，50，NULL。

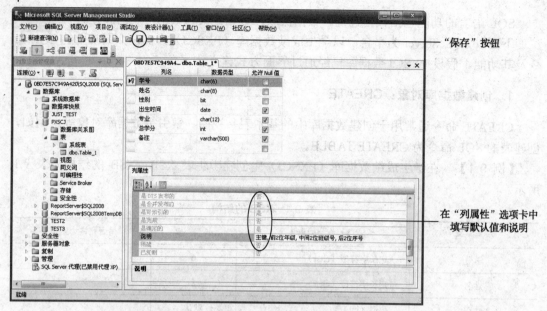

图 9.4 创建表界面

使用 INSERT 命令插入数据的语句如下：

```
INSERT INTO XSB
    VALUES('081101', '王林', 1, '1990-02-10', '计算机', 50, NULL)
```

语句的运行结果如图 9.5 所示。

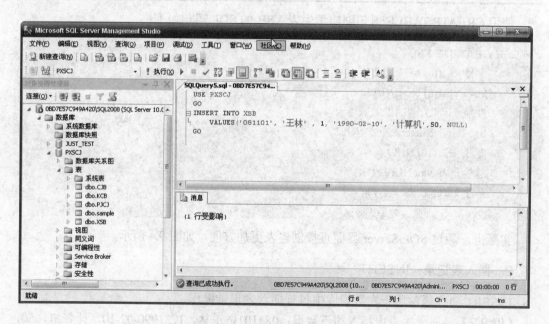

图 9.5 使用 T-SQL 语句向表中插入数据

实际上，通过 SQL Server 界面直接插入表记录更加方便，如图 9.6 所示。

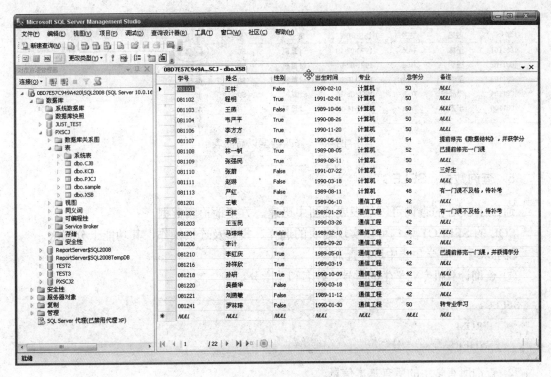

图 9.6　在 SQL Server 界面直接插入表记录

3. 删除表记录：DELETE

DELETE 命令通常用于删除表中的数据。

【例 9.3】　将学生表中总学分为 0 的记录删除。

使用 DELETE 命令删除数据的语句如下：

```
DELETE
    FROM XSB
    WHERE 总学分=0
```

4. 更新表记录：UPDATE

UPDATE 命令通常用于更新表中的数据。

【例 9.4】　将学生表中学号为 081101 的学生的备注值改为"三好生"。

使用 UPDATE 命令更新数据的语句如下：

```
UPDATE XSB
    SET 备注='三好生'
    WHERE 学号='081101'
```

执行完上述语句后，在对象资源管理器中打开 XSB 的数据窗口，可以发现表中学号为"081101"行的备注字段值已被修改，如图 9.7 所示。

学号	姓名	性别	出生时间	专业	总学分	备注
081101	王林	True	1990-02-10	计算机	50	三好生
081102	程明	True	1991-02-01	计算机	50	NULL
081103	王燕	False	1989-10-06	计算机	50	NULL
081104	韦严平	True	1990-08-26	计算机	50	NULL
081106	李方方	True	1990-11-20	计算机	50	NULL

修改后的备注栏为"三好生"

图 9.7 修改数据以后的表

5. 查询数据：SELECT

通过 T-SQL 的查询可以从表或视图中迅速、方便地检索数据。

SQL 的 SELECT 语句可以实现对表的选择、投影及连接操作，其功能十分强大。

【例 9.5】 在学生表中进行查询。

① 查询计算机专业学生的学号、姓名和总学分。

```
SELECT 学号, 姓名, 总学分
    FROM   XSB
    WHERE 专业 ='计算机'
```

② 查询所有学生的所有基本信息。

```
SELECT   *
    FROM   XSB
```

执行语句后，结果窗口中将分别列出两个查询语句的结果，如图 9.8 所示。

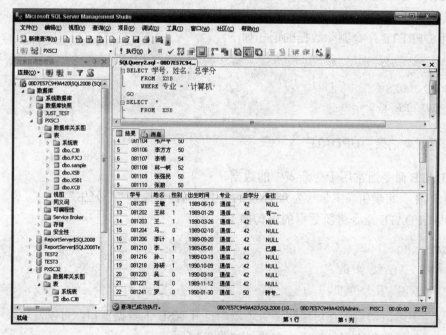

图 9.8 一次执行多个查询

9.3 数据库应用系统

数据库应用系统可以采用客户—服务器（简称 C/S）模式和三层浏览器—服务器（简称 B/S）模式。

9.3.1 C/S 模式数据库应用系统

1. 工作方式和开发平台

C/S 模式应用系统操作数据库的方式如图 9.9 所示。

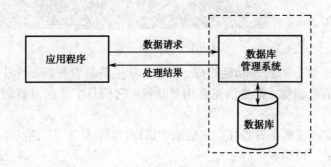

图 9.9　C/S 模式应用系统操作数据库的方式

目前，比较流行的开发数据库应用系统的工具包括 Visual Studio、Visual Basic、Visual C++、Visual FoxPro、Delphi、PowerBuilder 等。其中，微软的 Visual Studio 是最为流行的开发平台，其最新版本为 2010。

2. 在 Visual Studio（2010）开发环境中操作数据库

在 Visual Studio（2010）开发环境中，主要通过 ADO.NET 组件操作数据库。在 ADO.NET 中又主要依靠 Connection 对象、Command 对象与 DataReader 对象配合访问数据库，工作原理如图 9.10 所示。

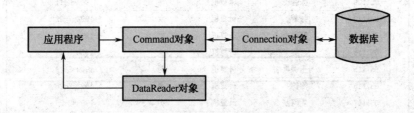

图 9.10　通过 ADO.NET 组件操作数据库原理图

其中，Connection 对象用于连接数据库；Command 对象执行 SQL 命令；DataReader

对象得到命令执行后的数据记录。应用程序根据界面上用户的交互输入表达的要求，组织成 SQL 命令交给 Command 对象，命令执行的结果从 DataReader 对象获取。

3. 在 Visual Studio（2010）中开发数据库应用程序实例

简单的学生成绩管理系统包含学生信息管理、课程信息管理、成绩管理、系统登录等部分。它们构成系统主界面的主菜单，如图 9.11 所示。

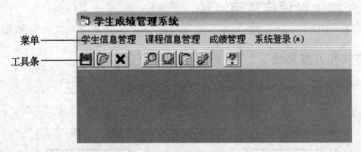

图 9.11 系统主界面

主菜单的每一部分由若干功能组成。例如，学生信息管理包括学生信息录入、学生信息修改、学生信息删除、学生信息查询等功能。它们是学生信息管理主菜单对应的菜单项。

每个功能的实现都离不开操作学生成绩数据库，但操作方法大致相同。下面以学生信息修改功能为例进行说明。

学生信息修改（此处为插入学生信息记录）完成后的运行界面如图 9.12 所示。

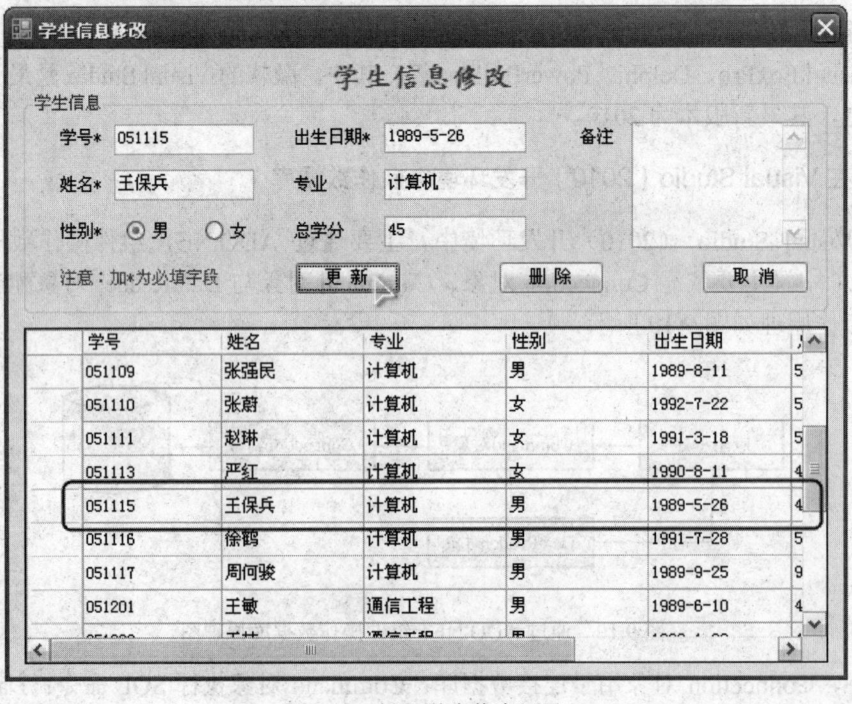

图 9.12 插入学生信息记录

其中，上部为学生信息输入和修改对象，在这些对象中输入需要增加或修改的学生信息；中部为命令按钮对象，包括更新、删除和取消，实现相应功能的代码分别存放在命令按钮的单击事件中；下部为表对象，显示学生信息表记录。

下面是"更新"按钮单击事件的代码：

```csharp
private void stuUpdate_Click(object sender, EventArgs e)
{
    SqlConnection cn =..... PXSCJ....;       // 创建 Connection 对象，用于连接学生成绩数据库
    cn.Open();                                // 连接学生成绩数据库（PXSCJ）
    try
    {
        s="select count(*) from XSB where XH= stuXH.Text";
        SqlCommand cmd=...(s, cn);            // 创建 Command 对象，执行 s 中的命令操作 cn 连接数据库
        j =cmd.ExecuteScalar();               // 执行 Command 对象 SQL 命令
        //检查是否有此学生记录，有则修改，无则添加
        if (j == 1)
        {   //组织修改记录 SQL 命令
            s="update XSB set XM= stuXM.Text，CSRQ= stuCS.Text, XB=sex, ZY= stuZY.Text,
                ZXF= int.Parse(stuZXF.Text), ,BZ= stuBZ.Text   where XH= stuXH.Text";
        }
        else
        {   //组织添加新记录 SQL 命令
            s="insert into XSB values(stuXH.Text,   stuXM.Text, sex, stuCS.Text,
                stuZY.Text, int.Parse(stuZXF.Text), stuBZ.Text)";
        }
        cmd = ...(s, cn);                     // Command 对象与 s 命令和 cn 数据库联系起来
        cmd.ExecuteNonQuery();                // 执行 SQL 命令，实现修改或添加记录
    }
    finally
    {
        conn.Close();                         //断开与学生成绩数据库（PXSCJ）的连接
    }
}
```

9.3.2 B/S 模式数据库应用系统

1. 工作方式和开发平台

基于 Web 的数据库应用采用 B/S 模式，其结构如图 9.13 所示。

图 9.13 B/S 结构

目前，流行的开发 B/S 模式数据库的工具包括 ASP.NET、Java EE、PHP 等。用 PHP 开发 B/S 模式数据库应用相对简单。

2. PHP 开发举例

用 PHP 开发学生成绩管理系统的学生信息查询页面。

浏览器：IE
Web 服务器：Apache
数据库服务器：MySQL

（1）数据库

学生成绩数据库：PXSCJ
学生表：XSB
关系模式：XSB（学号，姓名，性别，出生时间，专业，总学分，备注）
以汉字作为列名，记录性别时用 1 表示男、用 0 表示女。

（2）查询要求

查询数据库学生信息表中女同学的总学分信息。
PHP 代码如下：

```php
<?php
...
$cn= mysql_connect(...);                         //创建数据库连接对象 cn
mysql_select_db('PXSCJ', $cn);                   //用 cn 对象连接学生成绩数据库（PXSCJ）
$s="select * from XSB where 性别=0";
$result=mysql_query($s);                         //执行查询学生表的 SQL 命令
echo "<table border=1>";
echo "<tr><td>学号</td><td>姓名</td><td>总学分</td></tr>";
while($row=mysql_fetch_row($result))             //取出查询结果一行
{
    _list($XH,$XM,$XB,$CSSJ,$ZY,$ZXF,$BZ)=$row;  //结果一行放到变量中
    _echo "<tr><td>$XH</td><td>$XM</td><td>$ZXF</td></tr>";   //显示三个变量内容
}
echo "</table>";
?>
```

（3）查询显示结果

将上述网页放到 Web 服务器上，在客户端浏览器上输入 URL（Web 服务器的地址和网页所在的路径），浏览器上就会显示查询结果，如图 9.14 所示。

图 9.14　查看学生信息

学生在进行实验时，为了方便起见，可将浏览器、Web 服务器和数据库服务器安装在同一台计算机上，这样在浏览器中输入网页在本机上的位置即可。

第 10 章

知识素质能力

10.1 计算机科学

10.1.1 科学

1. 科学的含义

科学有许多不同的含义。《辞海》1979 年版对科学是这样定义的：科学是关于自然界、社会和思维的知识体系。现代科学广义上包含了研究自然现象的自然科学、探讨人类社会的社会科学，以及能有效描述科学现象的数学。而这些科学又可分为纯科学与应用科学。

2. 科学、工程与技术的联系

科学（Science）、工程（Engineering）与技术（Technology）的区别通常并不明确。一般来讲，科学较多地体现在理论和纯研究上，工程较多的焦点在实际经验上，而技术则介于两者之间。

科学是系统理论知识，能用于指导实践；技术是在科学的指导下，直接指导和服务生产的一种知识；而工程则是运用科学和技术进行的一种实践活动。

10.1.2 计算机科学体系

计算机科学（Computer Science，有时缩写为 CS）是系统性地研究信息与计算的理论基础，以及它们在计算机系统中如何实现与应用的实用技术学科。计算机科学的领域包括理论计算机科学和应用计算机科学两类，每一类又都包含若干领域。

1. 理论计算机科学

广义的理论计算机科学包括经典的计算理论和其他专注于更抽象、逻辑与数学方面的计算，主要包括计算理论，信息与编码理论，算法，程序设计语言理论，形式化方法，并发、并行和分布式系统,数据库和信息检索。

2. 应用计算机科学

应用计算机科学主要包括人工智能、计算机体系结构与工程、计算机图形与视觉、计算机安全和密码学、计算科学、信息科学和软件工程。

10.1.3 计算机学科与电子信息产业

计算机学科与电子信息产业有最密切的关系。

1. 产业分类

微电子产业的发展带动了半导体材料、集成电路生产设备、集成电路等方面的发展,以此作为基础,产生了计算机硬件、计算机软件、信息服务、通信、互联网产品、数字家电、光电子等产业,如图 10.1 所示。

图 10.1 产业分类

2. 产业与学科的对应关系

微电子产业和由此产生的产业以相应的学科为依托,这些学科的发展推动相应产业的发展。学科和产业的对应关系如图 10.2 所示。

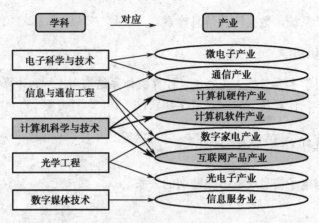

图 10.2 学科和产业关系

10.2 计算机专业课程体系

10.2.1 计算机专业的人才需求

1. 计算机专业人才的社会需求分析

目前,我国对计算机专业人才的需求可以分成科学型、工程型和应用型。

(1) 金字塔结构

计算机专业人才需求呈现金字塔结构,如图 10.3 所示。

图 10.3 人才需求金字塔结构

具体表现如下。

① 国家根本利益:必有一支计算机基础理论与核心技术的创新研究队伍——科学型人才。

② 大部分 IT 企业:主要开发满足国家信息化需求的产品——工程型人才。

③ 企、事业单位与国家 IS 的建设与运行(主流需求)——信息化应用型人才。

(2) "科学、工程和应用"规格类型

① 科学型:以知识创新为基本使命;研究计算机软件与理论、计算机系统结构和计

算机应用技术。

② 工程型：考虑基本理论和原理的综合应用；不仅要考虑系统的性能，还要考虑建造系统的代价及可能带来的副作用；可以是以硬件为主的系统，也可以是软件系统（应用软件、系统软件）。

③ 应用型：承担信息化建设的核心任务；掌握各种计算机软/硬件系统的功能和性能；擅长系统的集成和配置；有能力管理和维护复杂信息系统的运行。

2. 我国计算机专业人才的培养体系（2012年本科招生目录）

2012年，教育部修订了本科招生目录，其中计算机专业的专业分类如下。

0809　　　计算机类
080901　　计算机科学与技术（可授予工学或理学学士学位）
080902　　软件工程
080903　　网络工程
080904K　信息安全（可授予工学或理学或管理学学士学位）
080905　　物联网工程
080906　　数字媒体技术

10.2.2　计算机各专业的课程设置

下面以某大学各计算机专业人才培养方案为例进行说明。

1. 本科人才培养基本定位

加强基础、加强研究性，培养出基础面宽、适应性强、综合素质好、独立工作能力强的学生。

2. 科学、工程和应用培养目标

① 计算机科学与技术专业：以发展计算机科学与软件工程方向为主，兼顾信息技术方向；计算机科学占35%、信息技术占10%、软件工程占55%。

② 网络工程专业：以发展信息技术方向，特别是以网络为核心的信息技术服务为主，兼顾计算机科学与软件工程方向；计算机科学占15%、信息技术占55%、软件工程占30%。

③ 信息安全专业：以发展信息技术方向，特别是以计算机系统安全为核心的信息技术服务为主，兼顾计算机科学与软件工程方向；计算机科学占10%、信息技术占70%、软件工程占20%。

3. 课程设置的基本结构

（1）公共课
公共必修：人文社科、外语、体育、军事教育。
公共选修。

(2) 学科基础课

学院通识基础课：自然科学基础、IT 平台基础。

专业基础课。

(3) 专业方向课

根据本校计算机学科的科研优势及专业主攻方向定位。

(4) 专业任选课

允许学生跨专业、跨系及跨学院选课。

(5) 综合实践课

4. 学分总要求

本科培养总学分不少于 160 学分，其中春、秋季学期课程总学分不少于 140 学分；夏季学期实践环节不少于 12 学分；毕业论文/设计为 8 学分。各专业学分要求如下。

(1) 计算机科学与技术专业

公共必修课（含数学分析）为 49 学分、专业必修课（含毕业论文）为 63 学分、其他应选修课为 48 学分。

(2) 网络工程专业

公共必修课（含数学分析）为 46 学分、专业必修课（含毕业论文）为 63 学分、其他应选修课为 51 学分。

(3) 信息安全专业

公共必修课（含数学分析）为 49 学分、专业必修课（含毕业论文）为 66 学分、其他应选修课为 45 学分。

参与保研学生除人文社科必修 35 学分、毕业论文 8 学分外，计算机科学与技术专业及网络工程专业学生还必修 85 学分，信息安全专业学生还必修 87 学分。

10.3 能力的培养

10.3.1 素质、知识和能力

1. 素质结构

思想道德素质：爱国、爱党，有正确的人生观和价值观；有社会责任心、法律意识，具有职业道德修养；具有诚信意识和团队合作精神。

文化素质：具有一定的文化修养、人际沟通能力和现代意识。

专业素质：掌握科学思维方法和科学研究方法；具备求实创新意识和严谨的科学素养；具有一定的工程意识和效益意识。

身心素质：具有较好的身体素质和心理素质。

2. 知识结构

工具性知识：外语、文献检索、科技写作等。

人文社会科学知识：文学、哲学、政治学、社会学、法学、心理学、思想道德、职业道德、艺术等。

自然科学知识：数学、物理学等。

专业技术基础知识：专业技术基础课。

专业知识：专业课，包括必修课和选修课。

经济管理知识：经济学、管理学等。

3. 能力结构

大学生应具备的能力包括业务能力和综合能力。它们包含的具体能力如图 10.4 所示。

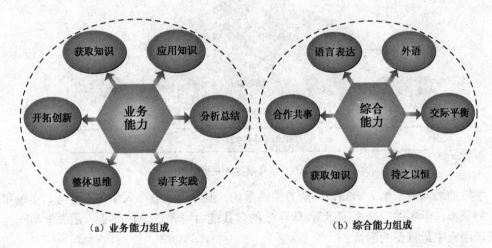

图 10.4 能力组成

10.3.2 能力培养

1. 能力培养途径

能力培养是大学教育和学生个人学习的中心目标。能力培养分为学校对学生的能力培养和自身能力培养。业务能力、综合能力是在德、智、体全面发展原则指导下的能力结构的具体化表述。

（1）学校对学生的能力培养

学校对学生的能力培养的主要途径如图10.5所示。

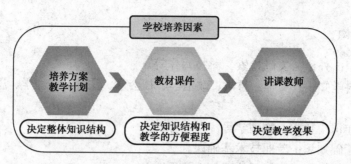

图 10.5　学校培养的主要途径

（2）自身能力培养

学生自身能力培养的主要途径如图 10.6 所示。

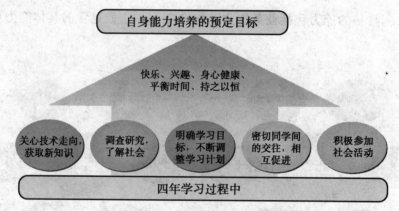

图 10.6　自身培养的主要途径

学校的培养对一个人的知识、能力固然重要，但必须通过个人学习、思考、实践和理解才能获得。学生的"个人因素"，即学生的自我能力培养意识和决心，是大学期间能力成长诸因素中最重要的因素。

要培养好的习惯、调整自己不太好的习惯，千万不可养成新的不太好的习惯，如上网、晚睡晚起、玩游戏、抄袭作业、考前突击等。

2．个人学习规划

（1）认识自己

认识自己的主要方面如图 10.7 所示。

兴趣爱好：硬件、软件、通信、网络、市场、企业管理。

特长：数学、理论、动手能力、逻辑思维、组织管理、软件开发。

社会需求：了解技术领域和国家产业政策。

喜欢的职业：工程师、教师、产品研发、市场营销、企业管理、结构设计。

毕业去向（针对本科生）：就业、国内读研究生、出国读研究生。

（2）关于学习规划的制订

制订规划的必要性：有规划，才有目标；有目标，才有动力。制订规划的过程是了解学科发展、了解教学计划、了解社会需求、了解自己的过程。

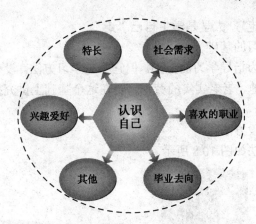

图 10.7　认识自己的主要方面

如何规划：根据社会需求、个人爱好、本人特长、本科毕业后的人生计划，来规划大学四年的学习，包括选修课程、能力锻炼、社会实践、全面发展等。

实时调整规划：技术是发展的，社会需求也会变化。随着知识的增长，兴趣和爱好也可能改变，不断调整规划是正常的和必要的。

3. 大学学习特点与学习方法

（1）按专业组织教学

中学课程体系相对简单，课程间关系简单。

大学专业课程体系庞杂，课程间关系复杂；前导课程学不好，容易影响后继课程。

（2）学习计算机学科的特点

计算机应用与计算机教育都很普及，技术发展快，学习要有一定的理论深度，否则面对其他专业、其他层次（如职业教育）的学生没有优势。但一些理论基础课容易让学生感觉没有直接的用处。

学生还要有一定的动手实践能力，否则无法快速适应社会需求，难以就业。但技术发展快，让学生不知道该学习哪些实践技术。

科学与工程并重、理论与实践结合紧密。

（3）大学学习目标相对不是很明确

中小学应试教育升学压力大，学生对学习（成绩）相对重视。

大学期间的课程成绩好坏与毕业后的出路无明确对应关系，大学教育更重视个人能力的提高。

（4）学校及教师对学生学习的管理比较松散

中小学学生的学习对教师依赖较大。

大学主要靠学生的自我管理、自主学习，其他方面诱惑多，如感情、网络游戏、互联网冲浪娱乐等。

4. 学习方法讨论

（1）大学与中学不同

大学的学习方法与中学的学习方法有很大不同，越到高年级，差别越大。主要区别是中学是老师"抱"着"走",大学是学生自己"走"。

（2）脚踏实地是学习的基础

有很多名言可以作为指导学习的原则,但它不是学习方法。没有万能的学习方法,学习没有捷径,是脚踏实地、老老实实的劳动,要在这个基础上讲究技巧、讲究效果,不能打疲劳仗。

（3）大学学习的一般方法

大学学习的一般方法如图10.8所示。

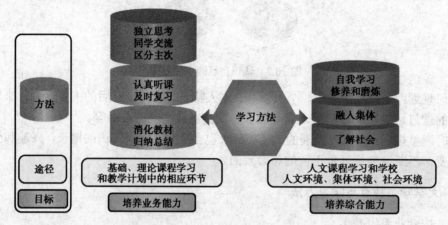

图 10.8 大学学习的一般方法

要在规定的时间内完成任务,否则效率会大大降低。

（4）学习方法的多样性

不同的人可以有不同的学习方法,不同的课程（包括数学课、外语课、基础课、专业课、硬件课、软件课、实验课、必修课、选修课、核心课）应该采用不同的学习方法。好的学习方法可以使学习轻松和愉快,而且效力倍增。

可以请有经验的教师指导,根据自己是否考研、以后工作就业、基础、能力、身体等情况,侧重使用不同的学习方法。

注意学习方法、摸索学习方法并且不断总结,寻找适合自己的学习方法是进入大学阶段学习的每个学生都应该注意的。

10.4 了解世界和中国

通过网络查找系列内容,学生之间讨论,请有关教师进行简单介绍和说明。

1. 经济政治方面

联合国（安理会）、欧盟、东盟、北约

世界贸易组织、国际货币基金组织、世界银行、G20、八国集团、达沃斯世界经济论坛、博鳌亚洲论坛、国际评级机构

2. 体育方面

国际奥委会、单项体育组织、国际足联、奥运会、世界杯、欧洲杯、青奥会、世界网球公开赛、世乒赛、世界羽毛球锦标赛、世界大学生运动会、NBA、F1 大奖赛
全运会、大运会、中超、CBA

3. 国际标准

国际标准化组织（ISO）、国际电工委员会（IEC）、国际电信联盟（ITU）

4. 中国国家大奖

国家最高科学技术奖、国家自然科学奖、国家技术发明奖、国家科技进步奖、中华人民共和国国际科学技术合作奖

5. 部分著名企业

Microsoft（微软）、Apple（苹果）、IBM、Intel（英特尔）、AMD、Adobe、McAfee（迈克菲）、Google（谷歌）、Sun、Symantec、Oracle（甲骨文）、SISCO（思科）、HP（惠普）、Yahoo（雅虎）、联想集团、华为、中兴、SΛMSUNG（三星）、LG、DELL（戴尔）、Motorola（摩托罗拉）、TI（德州仪器）、HITACHI（日立）、Panasonic（松下）、SONY（索尼）、TOSHIBA（东芝）、NEC（日本电气）

6. 部分著名网站

新浪、百度、谷歌、网易、搜狐、淘宝、京东、亚马逊、当当

7. 部分著名人物

冯·诺依曼、图灵、比尔·盖茨、乔布斯、王选、柳传志、张朝阳、马云、马化腾

8. 学术方面

SCI、SCIE、EI、国内核心期刊

9. 著名出版社

海外著名出版社（Springer、Elsevier、John Wiley、Kluwer）
国内著名出版社（科学出版社、人民出版社、高等教育出版社、电子工业出版社、清华大学出版社）

10. 科研项目

国家 863 项目、国家自然科学基金、省部级重点科研项目、横向项目、纵向项目
国家发明专利、实用新型专利

11. 职称和职务

教授、副教授、讲师、高级工程师、工程师、助工
厅局级、县处级、科级

12. 其他

纳斯达克指数、上证指数、证监会、主板、创业板、蓝筹股、股票型基金
世界金融危机、亚洲金融危机、欧洲债务危机
中国银联、VISA
GDP、CPI、PPI、通货膨胀、通货紧缩
碳排放、京都议定书、PM2.5
诺贝尔奖、杨振宁、莫言
硅谷、中关村、印度软件业、中国软件园
好莱坞、奥斯卡、戛纳
985、211、长江学者
一汽、上汽、东风、宝马、奔驰、奥迪、通用、丰田、本田

《新编计算机导论（基于计算思维）》读者意见反馈表

尊敬的读者：

  感谢您购买本书。为了能为您提供更优秀的教材，请您抽出宝贵的时间，将您的意见以下表的方式（可从 http://www.hxedu.com.cn 下载本调查表）及时告知我们，以改进我们的服务。对采用您的意见进行修订的教材，我们将在该书的前言中进行说明并赠送您样书。

姓名：_____ 电话：_____
职业：_____ E-mail：_____
邮编：_____ 通信地址：_____

1. 您对本书的总体看法是：
   □很满意　　□比较满意　　□尚可　　□不太满意　　□不满意

2. 您对本书的结构（章节）：□满意　□不满意　改进意见_____
_____
_____

3. 您对本书的例题：　□满意　　□不满意　　改进意见_____
_____
_____

4. 您对本书的习题：　□满意　　□不满意　　改进意见_____
_____
_____

5. 您对本书的实训：　□满意　　□不满意　　改进意见_____
_____
_____

6. 您对本书其他的改进意见：
_____
_____
_____
_____

7. 您感兴趣或希望增加的教材选题是：
_____
_____
_____
_____

请寄：100036　北京市万寿路 173 信箱华信大厦 1107　郝黎明　收
电话：010-88254565　　　E-mail：hlm@phei.com.cn

反侵权盗版声明

电子工业出版社依法对本作品享有专有出版权。任何未经权利人书面许可，复制、销售或通过信息网络传播本作品的行为，歪曲、篡改、剽窃本作品的行为，均违反《中华人民共和国著作权法》，其行为人应承担相应的民事责任和行政责任，构成犯罪的，将被依法追究刑事责任。

为了维护市场秩序，保护权利人的合法权益，我社将依法查处和打击侵权盗版的单位和个人。欢迎社会各界人士积极举报侵权盗版行为，本社将奖励举报有功人员，并保证举报人的信息不被泄露。

举报电话：(010) 88254396；(010) 88258888
传　　真：(010) 88254397
E-mail：dbqq@phei.com.cn
通信地址：北京市万寿路173信箱
　　　　　电子工业出版社总编办公室
邮　　编：100036